走进大学
DISCOVER UNIVERSITY

什么是
工业工程？

WHAT
IS
INDUSTRIAL ENGINEERING?

周德群　主编

欧阳林寒　副主编

大连理工大学出版社
Dalian University of Technology Press

图书在版编目(CIP)数据

什么是工业工程？/ 周德群主编. -- 大连 ：大连
理工大学出版社，2023.2(2024.6重印)
ISBN 978-7-5685-3883-1

Ⅰ.①什… Ⅱ.①周… Ⅲ.①工业工程 Ⅳ.①TB

中国版本图书馆 CIP 数据核字(2022)第 138316 号

什么是工业工程？ SHENME SHI GONGYE GONGCHENG ？

策划编辑:苏克治
责任编辑:王晓历
责任校对:白　露
封面设计:奇景创意

出版发行:大连理工大学出版社
　　　　　(地址:大连市软件园路 80 号,邮编:116023)
电　　话:0411-84708842(发行)
　　　　　0411-84708943(邮购)　0411-84701466(传真)
邮　　箱:dutp@dutp.cn
网　　址:https://www.dutp.cn

印　　刷:辽宁新华印务有限公司
幅面尺寸:139mm×210mm
印　　张:5.75
字　　数:114 千字
版　　次:2023 年 2 月第 1 版
印　　次:2024 年 6 月第 2 次印刷
书　　号:ISBN 978-7-5685-3883-1
定　　价:39.80 元

出版者序

高考,一年一季,如期而至,举国关注,牵动万家!这里面有莘莘学子的努力拼搏,万千父母的望子成龙,授业恩师的佳音静候。怎么报考,如何选择大学和专业,是非常重要的事。如愿,学爱结合;或者,带着疑惑,步入大学继续寻找答案。

大学由不同的学科聚合组成,并根据各个学科研究方向的差异,汇聚不同专业的学界英才,具有教书育人、科学研究、服务社会、文化传承等职能。当然,这项探索科学、挑战未知、启迪智慧的事业也期盼无数青年人的加入,吸引着社会各界的关注。

在我国,高中毕业生大都通过高考、双向选择,进入大学的不同专业学习,在校园里开阔眼界,增长知识,提升能力,升华境界。而如何更好地了解大学,认识专业,明晰人生选择,是一个很现实的问题。

为此,我们在社会各界的大力支持下,延请一批由院士领衔、在知名大学工作多年的老师,与我们共同策划、组织编写了"走进大学"丛书。这些老师以科学的角度、专业的眼光、深入浅出的语言,系统化、全景式地阐释和解读了不同学科的学术内涵、专业特点,以及将来的发展方向和社会需求。希望能够以此帮助准备进入大学的同学,让他们满怀信心地再次起航,踏上新的、更高一级的求学之路。同时也为一向关心大学学科建设、关心高教事业发展的读者朋友搭建一个全面涉猎、深入了解的平台。

我们把"走进大学"丛书推荐给大家。

一是即将走进大学,但在专业选择上尚存困惑的高中生朋友。如何选择大学和专业从来都是热门话题,市场上、网络上的各种论述和信息,有些碎片化,有些鸡汤式,难免流于片面,甚至带有功利色彩,真正专业的介绍尚不多见。本丛书的作者来自高校一线,他们给出的专业画像具有权威性,可以更好地为大家服务。

二是已经进入大学学习,但对专业尚未形成系统认知的同学。大学的学习是从基础课开始,逐步转入专业基础课和专业课的。在此过程中,同学对所学专业将逐步加深认识,也可能会伴有一些疑惑甚至苦恼。目前很多大学开设了相关专业的导论课,一般需要一个学期完成,再加上面临的学业规划,例如考研、转专业、辅修某个专业等,都需要对相关专业既有宏观了解又有微观检视。本丛书便于系统地识读专业,有助于针对性更强地规划学习目标。

三是关心大学学科建设、专业发展的读者。他们也许是大学生朋友的亲朋好友,也许是由于某种原因错过心仪大学或者喜爱专业的中老年人。本丛书文风简朴,语言通俗,必将是大家系统了解大学各专业的一个好的选择。

坚持正确的出版导向,多出好的作品,尊重、引导和帮助读者是出版者义不容辞的责任。大连理工大学出版社在做好相关出版服务的基础上,努力拉近高校学者与

读者间的距离,尤其在服务一流大学建设的征程中,我们深刻地认识到,大学出版社一定要组织优秀的作者队伍,用心打造培根铸魂、启智增慧的精品出版物,倾尽心力,服务青年学子,服务社会。

"走进大学"丛书是一次大胆的尝试,也是一个有意义的起点。我们将不断努力,砥砺前行,为美好的明天真挚地付出。希望得到读者朋友的理解和支持。

谢谢大家!

苏克治

2021 年春于大连

序

任何一门学科诞生的背后必然有自然因素和社会因素的推动,工业工程亦然。随着大批量、大规模、流水线生产方式的出现,制造系统的规模和复杂性极大地提高,这促使着人们需要设计更加高效率、低成本、高质量的生产系统并实现其有效运行管控,由此,工业工程应运而生。

工业工程最早起源于美国,它以现代工业化生产为背景,以大规模工业生产和各种复杂工程系统(通常为社会技术系统)为研究对象,通过应用数学、物理学和社会科学的知识技能,同时结合工程分析与工程原理,对人、设备、物流、信息和环境等生产/服务系统进行优化配置,从而提高工业生产效率和社会经济效益,如今被广泛地应用在世界各国。

虽然工业工程在世界范围内拥有较长的历史和广泛的应用，但在中国，工业工程的起步较晚，在传统的计划经济体制下，企业更多地追求产品的数量而非生产率、成本与质量。直到20世纪80年代初期，中国经历改革开放，计划经济开始转向市场经济，工业工程开始引起工业部门和学术界的关注。中国第一次工业工程学术会议于1990年在天津召开，并在会议上成立了工业工程研究会。

工业工程的广泛应用与推广离不开专业人才的培养。1992年，西安交通大学、天津大学和重庆大学等高校率先开设工业工程本科专业，并开始招收工业工程专业的本科生，由此开创了我国工业工程教育的先河。随后清华大学、南京航空航天大学等一批高校也开始招收此专业的学生，迄今为止，全国已经有200多所高校开设工业工程类专业。

自从20世纪90年代我国开始建设工业工程专业后，相关专业书籍层出不穷，但是大多是以大学生学习专业知识为主要目标，鲜有以向准大学生及家长介绍专业体系为出发点的书籍。而工业工程专业在我国至今仅三十年左右的发展历史，属于发展中较"年轻"的专业，相比于历史悠久的土木工程、机械工程等专业，社会对其认知度较低。国内外工业工程的应用实践表明，这门工程与管理有机结合的综合专业技术对提高企业的生产率和生产系统综合效率及效益具有不可替代的重要作用，特别是在中共十九大提出高质量发展以来，工业工程在制造和服务行业扮演的角色愈来愈重要，加大工业工程专业在社会上的普及迫在眉睫。

《什么是工业工程?》是一本面向准大学生及家长的科普书籍,编者以准大学生及家长报考大学选择专业为出发点,站在他们对大学专业认知尚不清晰的角度,一改严谨繁复的教科书式的专业讲解,通过充满趣味性的叙事方式,读者可以轻松地了解工业工程专业的特点、培养目标、课程体系、能力要求以及就业前景。

　　这是一本从非大学生角度介绍专业知识的书籍,对于高考学生和家长,期待这本书能够帮助你了解这个欣欣向荣的专业,让孩子们找准兴趣,更好地规划自己的人生。对于一般读者,本书提供了深入浅出的介绍,让读者了解这个应用广阔的专业,或许你的工作岗位也能用上工业工程的方法,来提高效率、改进质量、降低成本和保障安全。

清华大学副校长

教育部工业工程类专业教学指导委员会主任委员

全国工程管理专业学位研究生教育指导委员会主任委员

郭 方

2023 年 2 月

前　言

　　诞生于 20 世纪初期美国的工业工程是在制造工程学和管理科学等多学科基础上逐步形成和发展起来的一门学科,它以工程知识为基础,同时又具有鲜明的管理属性,是一门技术与管理相结合的边缘学科。

　　工业工程以提高效率、降低成本、提高质量为核心,使生产系统处于最佳的运作状态,从而获得最高的整体效益,因此数十年来一直受到世界各国的重视,尤其是经历过或者正在经历工业化变革的国家和地区,如美国、日本、韩国、新加坡等,将其视为促进经济发展的主要工具之一,在美国更是将工业工程与机械工程、电子工程、土木工程、化工工程、航空工程和计算机工程并称为七大工程,由此足见其地位的独特性与重要性。

　　工业工程在我国发展相对较晚。20 世纪 80 年代,工业工程逐渐在我国发展起来。经过 40 多年的发展,如今工业工程不仅应用在传统的制造行业,还广泛地应用在物流、医

前言

1

疗、餐饮等服务行业。国内几个应用工业工程技术较典型的企业，如北京机床电器、一汽-大众、鞍山钢铁，都取得了明显的经济效益。实践表明，工业工程的应用为企业的生产实践注入了新的发展动力。而在当今工业4.0的智能制造时代背景下，工业工程更是与物联网、数字孪生、工业大数据等技术有机结合，为工业化生产插上了科技的翅膀，使企业可以更高效地进行管理生产活动。

在2020年提出的"十四五"规划中明确指出"高质量发展"的主题，而经济高质量发展的实现离不开工业工程的应用，工业工程的广泛应用又离不开专业人才的培养。现有的工业工程专业书籍大多数是以大学生专业知识学习为主要目的进行编写的，面向的对象为工业工程专业大学生，而工业工程作为20世纪80年代才发展起来的学科，在社会上的熟识度还不太高，特别是对于准备报考大学的学生来说，对工业工程这个专业相对较为陌生。因此，本书出于这一考虑，以向广大学生及家长介绍工业工程专业内容、体系结构、应用场景，以及行业发展前景为出发点，为选择大学专业的准大学生提供专业方向信息，同时为工业工程专业人才发展积蓄储备力量。

本书一改深奥繁复的用语，以简单、易理解的文字，结合生动形象的图片深入浅出地向读者介绍了工业工程的历史沿革、工业工程的研究内容、工业工程专业人才培养模式、工业工程的广泛应用，以及新时代背景下工业工程的发展前景等内容，帮助读者较为全面地理解什么是工业工程。全书一共分为六部分：工业工程的前世今生；工业工程的核心理念；

工业工程的专业训练;无处不在的工业工程;助力中国"智"造的工业工程;迈向未来的工业工程。

本书由南京航空航天大学周德群任主编;南京航空航天大学欧阳林寒任副主编;南京航空航天大学虞先玉、时茜茜、蒋昕嘉、黄周春、周志鹏参与了编写。具体编写分工如下:虞先玉编写了工业工程的前世今生,时茜茜编写了工业工程的核心理念,蒋昕嘉编写了工业工程的专业训练,黄周春编写了无处不在的工业工程,欧阳林寒编写了助力中国"智"造的工业工程,周志鹏编写了迈向未来的工业工程。周德群进行了全书的总策划与章节目录设计,参与了工业工程的前世今生、工业工程的核心理念、无处不在的工业工程部分内容的编写,欧阳林寒协助对全书进行了统稿。

本书在编写过程中参阅了大量资料,限于篇幅,没能全部列出,在此谨向相关的作者表示诚挚的谢意和歉意。同时,工业工程是一门多学科交叉的边缘学科,其中涉及的知识内容较为广泛,限于作者的水平,书中存在不足与疏漏在所难免,在此殷切地期望相关专家与广大读者朋友批评指正。

编　者
2023 年 2 月

目　录

工业工程的前世今生

任其事必图其效；欲责其效，必尽其方。

——欧阳修

▶▶工业工程的初心——提高效率

工业工程（Industrial Engineering，IE）是一门提高生产率和效益的技术。工业工程是在人们致力于提高工作效率、降低成本、保证质量的实践中产生的一门技术。它把技术和管理有机结合起来，研究如何使生产要素组成生产力更高和更有效运行的系统，从而实现提高生产率的目标，并且随着科学技术的发展和市场需求的变化，其内涵和外延还在不断丰富和发展。

工业工程以规模化工业生产及工业经济系统为研究对象，以优化生产系统、提高生产率和综合消息为追求目标，兼收并蓄运筹学、系统工程学、工程心理学、管理科学、计算机科学、现代制造工程学等自然科学和社会科学的最新成果，

1

发展成为包括多种现代计算机科学的交叉性边缘学科。它伴随着工业生产的需求而诞生，随着技术的进步而发展，对提高企业发展综合水平和效益，促进国民经济发展起到了巨大的推动作用。工业工程在工业发达国家已经得到了广泛的推广和应用，并取得了明显成效，被公认为能杜绝各种浪费、挖掘内部潜力、有效地提高生产率和效益、增强企业竞争能力的实用技术。

➡➡泰勒的铲子——大小有讲究

铲子怎么了？铲子大小有影响吗？在我们身边，用铲子去铲原料时无非就是铲子多重、多大，我们用着是否得心应手。殊不知，这"铲子的讲究"在工业工程当中有着特殊的意义。

1912年，"管理科学之父"泰勒在美国国会众议院的一个特别委员会会议上陈述："在伯利恒钢铁公司，我发现每个工人都带着自己的铲子去铲原料。头等的铲料工一下可铲起3.5磅（1磅≈0.45千克）煤屑，也可以一下子铲起38磅的矿石，那么，究竟以哪个为标准来衡量工人的工作效率呢？恐怕只有用科学管理的办法来确定了。为了有一个明确的计算工作效率的标准，我将设计一种标准铲。"或许大家初次看到这个发言会觉得荒唐，那么，接下来我们来看泰勒是如何进行这个为管理学奠定基础的试验的。

泰勒在钢铁厂时，有600多名工人正用铁铲铲铁矿石和煤。泰勒想：一把铁铲的质量为多少时工人感到最省力，并能达到最佳工作效率呢？为此他选出两名工人，使用不同质量的铁铲工作并记录每天的实际工作量。结果发现，当铁铲的质量为 38 磅时,工人每天的工作量是 25 吨;当铁铲的质量为 34 磅时,工人每天的工作量是 30 吨。于是,他得出作业效率随铁铲质量的减轻而提高的结论。但是当铁铲的质量下降到 21 磅以下时,工人的工作效率反而下降。由此,他认为矿石质量较重应使用小铲,而煤屑质量较轻应使用大铲,并据此合理地安排了 600 多名工人的工作量。

再到后来,泰勒又设计了一种标准铲。

第一次,他截短了铲柄后,虽然工人每次铲起矿石的质量比原来试验中最好的铲料工少了 4 磅,但是每天工作量却可以提高 10 吨。最好的铲料工原来每天铲起矿石的总量为 25 吨,现在达到了 35 吨。泰勒继续一点点地尝试,一点点地化简,得到铲料工每铲铲料 21.5 磅时,工作效率最高的结论。

泰勒继续研究,并专门设计了达 15 种之多的工作铲,大大提高了工人的生产率。3 年后,"铲子科学"给工厂和工人带来了巨大的利益:原来需要 600 人才能干完的活儿,现在只需要用 400 人,材料的搬运费用节省了 1/2,在铲料岗位上工作的工人的平均工资提高了 60%。

泰勒在这个试验中得到了这样的结论:

• 试验前:干不同的活拿同样的铲。

• 试验后:铲不同的原料时,每铲质量不一样。

• 应当有一个效率最高的质量。

• 每铲的铲料为 21.5 磅时,生产率最高。

• 铲不同的东西拿不同的铲。

• 生产率得到提高。

泰勒根据这项试验提出了新的构想：将试验的手段引进经营管理领域，将计划和执行分离，进行标准化管理。人尽其才，物尽其用，这是提高效率的最好办法。

铁铲试验也为泰勒的科学管理思想奠定了坚实的基础，使管理成了一门真正的科学，这对以后管理学理论的成熟和发展起到了非常大的推动作用。

➡➡吉尔布雷斯的砌砖术——高低各不同

看到这个标题大家可能会想，砌砖有什么难的？这砌砖的高低代表了什么？有什么意义？随随便便一个砌砖有这么多讲究吗？那么，接下来我们就要介绍吉尔布雷斯的砌砖动作研究。

动作研究又称动素分析（Analysis of Therbligs）、方法研究或工作方法设计。其主要内容是，通过各种分析手段发现、寻求最经济、有效的工作方法。动作研究是研究和制定正确、合理的动作，节约工时、提高工效、改善工时利用的有效方法，目的是以最少体力消耗来取得最大成果，也就是在实际工作中尽量增加有价值的动作，缩短或取消徒劳的动作，提高生产率。动作研究的主要发明者是美国工程师 F. B. 吉尔布雷斯（F. B. Gilbreth）和 L. H. 吉尔布雷斯夫妇。F. B. 吉尔布雷斯受雇于某建筑商时进行了著名的"砌砖动作研究"。在该研究中，他通过对砌砖动作进行分析和改进，使工人的砌砖效率提高了近 200%。

砌砖行业是一种古老的行业，几百年来，这一行业中所使用的工具和材料都很少或根本没有什么改进。尽管有成百万人从事这个行业,却都没有对它进行过大的改进。因此,在这个行业中,人们希望能够通过科学的分析和研究来找到一些改进方法。

吉尔布雷斯尝试把科学管理的原理应用到砌砖的工艺中,对砌砖过程的每个动作进行了认真而有趣的分析和研究,把所有不必要的动作均排除掉,用快动作代替慢动作,并对以任何形式影响砌砖工的操作速度和疲劳度的细小因素都进行验证。从砌砖工每只脚该站的精确位置,联系到墙、灰浆箱和砖堆等的位置,他研究出了放置灰浆箱和堆放砖的最佳高度,设计了一种支架,在其上放置一张桌子,将所有的材料都堆置在上面,使砖、灰浆、砌砖工和墙处于各自合适的位置上,这样,砌砖工砌砖时就不必在砖堆与墙之间来回走动了。这种支架由一名专司其事的工人负责,随着墙的升高,他要为所有的砌砖工调高支架,这样砌砖工在取每块砖和每抹一刀灰浆时,就无须再做一俯一伸那样使之劳累的动作了。以往,砌砖工(体重一般为 150 磅)每次为砌一块砖(约 5 磅)上墙,都得俯身到他的双脚处,然后再伸直腰身,想想看,这得消耗多少体力啊!

进一步研究的结果是,在将一块块砖从车上卸下之后,先由一名工人进行仔细分类,并把这些砖的最佳边缘朝上,放在一个简易的木框架上,再运送给砌砖工。框架能让砌砖工在最短的时间里和最便利的位置上抓取到每块砖。这样一来,砌砖工在砌上一块砖时,就无须再将每块砖翻过来倒过去地检查,也无须再花时间选择砖的哪个端面最好,以便砌在墙的外沿。在许多情况下,他还无须再花时间去清理在

工业工程的前世今生

支架上杂乱堆放的砖块。这个砖块"包"（专门设计的放砖块的木框架）由辅助工放置在可调整高度的支架的适当位置上，并靠近灰浆箱。

我们常见到，砌砖工把每块砖抹上灰浆后，一般会用泥刀把砖的一端敲打几下，直到接缝处的薄厚度合适为止。若是灰浆调得正合适，那么砌上砖时，只要用手往下压，使砖达到合适的位置，砖就砌好了。因此，吉尔布雷斯坚持要求灰浆的调和工在调和灰浆时特别注意，这样就可以节省砌砖工去敲打每块砖的时间。仔细研究砌砖工在所有标准情况下砌砖的动作后，吉尔布雷斯发现，使用该方法可以把砌每块砖的 18 个动作压缩为 5 个，在某种情况下甚至可以少到只要 2 个动作。

吉尔布雷斯的科学研究成果已逐步在实践中被应用，并从商业的标准上得以证明。例如在一幢砖结构建筑物上，由砌砖工砌一堵 12 英寸（1 英寸≈2.54 厘米）厚的墙，用两种砖，给墙两边的接缝抹泥和画线，经计算，一批经挑选并熟练掌握了新方法的工人的平均速度是每人每小时砌砖 350 块，而未经训练的工人用老方法操作的平均速度是每人每小时砌砖 120 块。

为了探求从事某项作业的最合理的动作系列，必须把整个作业过程中人的动作，按动作要素加以分解，然后对每一项动作要素进行分析研究，淘汰其中多余的动作，改善那些不合理的动作。吉尔布雷斯将这些动作要素划分为必需动作、辅助动作和无效动作三种类型。吉尔布雷斯指出，要提高动作效率，必须尽可能地删除无效动作，压缩辅助动作，使必需动作更精练、更通顺,从而简化作业动作。在实际操作中,为利于动作要素的记录和分类,每一种动作要素都用一个象形符号来表示。动作要素还可以用形象图案、颜色等表示。

同时,吉尔布雷斯主张,管理和动作分析的原则可以有效地应用在自我管理这一尚未开发的领域。他们开创了对工作疲劳这一领域的研究,该研究对工人健康和生产率的影响很大。

➡ ➡ 动作标准化——分工带来效率

要完成一个相对复杂的工作,需要很多人分工去做,充分发挥每个人的专长,才会有更高的效率。例如工厂组装风扇,整个过程采用流水线作业,环节分得越来越细,每个人只做一个动作,到了最后一个环节,风扇就组装完成了,这里强调了分工的重要性。在各种制造业、工业生产中,我们假设只要有流水线的存在,有明确分配原则的任务分配,线上专业度整齐,便会完成一个目标。在需要互相帮助的情况下,在互相帮助的过程中,提升了专业度,提高了生产率,增加了经济效益。

当一个人生产完成一件产品时,从原材料加工到半成品再到成品,所需要的时间、精力要远远高于一个人简单地重复某道工序的时间。分工能提高操作熟练度,因为简单地重复某一个动作时,久而久之会熟能生巧,自然而然缩短了完成工序的时间,提高了生产率。著名经济学家亚当·斯密认为,当工人集中精力完成一个任务时,重复会

使工人的技能更熟练，工作速度更快，产品产量得以提高，成本得以降低。

分工的好处显而易见：①重复加快了速度，有效地利用了时间，进而提高了产量和效率；②不会因转换任务而浪费时间，成本大大降低；③分工使得"外包"生产方式得以盛行；④分工使得经济全球化、生产全球化成为可能。现在完成一件产品往往需要几个、几十个工厂进行分工协作，从原材料到成品，往往需要几个国家、几十个国家的不同企业分工协作。

我们知道：工作效率＝工作总量÷工作时间，假设 A、B、C 三个人要完成产品任务的工作总量是 10 件，现在 A 独自做完全部工序的话，需要 2 小时才能完成 1 件，而 B、C 两个人进行分工，每人完成一半工序需要 1 小时，也就是 1 小时两个人分工能完成全部工序，完成工作量 1 件。因此，B、C 两个人分工协作的工作效率要远远大于 A 独立完成全部工序的工作效率。

分工同样使得更多的工厂和国家参与到生产中。以汽车生产为例，发动机是英国生产的，底盘是德国生产的，车身是日本生产的，电气系统是美国生产的，变速器是法国生产的，座椅是中国生产的，轮胎是意大利生产的，这辆汽车最后在中国组装，然后销往埃及。分工使得世界成了一座巨型工厂，每天、每时、每分、每秒都在生产人们所需要的各种产品，供人们消费、使用。为了提高生产率，人们不得不使用更加先进的机器设备，不得不进行分工协作，于是分工成了经济增长的动力之源。分工促进了城市与市场的发展。人类文明越发展、越前进,劳动力的分工和工业的专业化程度越高,市场发展就越快,投资回报率就越高。分工与专业化程度,跟市场与投资回报率成正比。

分工的到来,有利也有弊,但我们放眼望去,在社会的任何一角,分工明确、规则明晰的单位总是井井有条地运行着。

➡➡摩登时代——福特生产线与效率革命

大家可能看过《摩登时代》这部经典电影,而"摩登时代"就是建立在高度专业化流水线上的工业革命的成果。流水线生产极大提高了当时的生产率,创造出了一系列的工业产品,在工业产品高度发达之后,人们创作出了《摩登时代》这部伟大作品来记录这一光辉时代(图1)。

图1 《摩登时代》的剧照

在纪录片《大国崛起》中有这样一段解说:"1913年8月一个炎热的早晨,当工人们第一次把零件安装在缓缓移动的汽车车身上时,标准化、流水线和科学管理融为一体的现代

大规模生产就此开始了。犹如第一次工业革命时期诞生了现代意义的工厂，福特的这一创造成为人类生产方式变革进程中的又一个里程碑。福特建立了当时最大的新工厂。每一天，都有大量的煤、铁、沙子和橡胶从流水线的一头运进去，有 2 500 辆 T 型车从另一头运出来。在这座大工厂里，有多达 80 000 人在这里工作。1924 年，第 1 000 万辆 T 型汽车正式下线，售价从最初的 800 美元降到了 290 美元，汽车开始进入美国的千家万户。"

流水线彻底改变了汽车的生产方式，同时也成为现代工业的基本生产方式。近 100 年，流水线仍然是小到儿童玩具、大到重型卡车的基本生产方式。在流水线之前，汽车工业完全是手工作坊型的，每装配一辆汽车要 728 个小时，当时汽车的年产量大约为 12 辆。这一速度远不能满足巨大的消费市场的需求，使得汽车成了富人的象征。

福特的梦想是让汽车成为大众化的交通工具，所以，提高生产速度和生产率非常关键。只有降低成本，才能降低价格，使普通百姓也能买得起汽车。1913 年，福特应用创新理念和反向思维逻辑提出在汽车组装中，汽车底盘在传送带上以一定速度从一端向另一端前行。前行中，逐步装上发动机、操控系统、车厢、方向盘、仪表、车灯、车窗玻璃和车轮，这样，一辆完整的汽车便组装成了。最终，流水线使得每辆 T 型汽车的组装时间由原来的 12 小时 28 分缩短至 10 秒，生产率提高了 4 487 倍。流水线把一个重复的过程分为若干个子过程，每个子过程和其他子过程并行运作。福特不仅实现将汽车放在流水线上组装，而且也花费大量精力研究如何提高生产率。

自动化流水线给福特汽车公司的生产总量带来了奇迹般的飞跃。福特汽车公司由年产 7 800 辆汽车,跃进到年产17 万辆汽车,第二年达 25 万辆,第三年达 73 万辆。奔驰汽车公司的经理参观福特公司的海兰帕克汽车制造厂时说:这个工厂无论是设施还是生产方式,都是世界一流的。

历史证明了,福特汽车公司这些开创性的成绩标志着世界工业史上一个新时代——大规模自动生产时代的来临。福特公司的专家们不仅生产了汽车,而且研究出了一套生产方法,也许后者更具深远意义。

随着社会的进步与发展,现代工业工程的作用也越来越突出,以现代工业工程为依托,可以大大地提高生产率。制造业已成为我国社会经济发展的重要组成部分,在信息化快速发展的当下,传统的发展思路已经不再适用,而引入现代工业工程方法,可以有效优化、组织工作系统,实现经济效益最大化。

▶▶工业工程的境界——运筹帷幄

运筹学的思想在古代就已经产生了。敌我双方交战,想要克敌制胜,就要在了解双方情况的基础上,找出打败敌人的最优方法,这就是"运筹帷幄之中,决胜千里之外"。诸如田忌赛马(图 2)、都江堰水利工程等,均是我国古代非常优秀的运作、筹划思想的案例。

图 2　田忌赛马

　　运筹学最早是英国人在 20 世纪 30 年代末提出的,是基于战争的需要而发展起来的学科,在英国被称为 Operational Research,在美国被称为 Operations Research(缩写为 O. R.)。为了进行运筹学研究,英国和美国在军队中成立了专门小组,开展护航舰队保护商船队的编队问题和当船队遭受德国潜艇攻击时如何使船队损失最少等问题的研究。研究人员研究了船只在受到敌舰攻击时的情况,提出了大船应急速转向和小船应缓慢转向的逃避方法,使船只在受敌舰攻击时,中弹率由 47% 下降到 29%。当时研究和解决的问题都是短期的和战术性的。第二次世界大战后,英国和美国在军队中相继成立了更为正式的运筹学组织。

　　那么,运筹学到底是什么呢?

　　简单来说,我们可以将运筹学简单理解为运用一定的数学分析与计算,做出综合性的、合理的安排,以便将人力、物力进行分配的一门学科。它广泛应用于经济、军事等方面。

➡➡数学规划问题——找到最优结果

企业怎样生产获利最多?怎样在最短时间内又快又好地运送货物?

我们将以上问题统称为运筹学中的规划问题,这个了不起的工具的本质是什么?它能够解决什么类型的问题?

简单地说,线性规划中最普遍应用的问题类型是在竞争性活动中以最佳的可能方式(如最优化)分配有限资源。线性规划的问题我们并不陌生,在高中时我们便接触并尝试解决过此类问题。比如,需求函数与供给函数之间的平衡,使产品既不"供不应求"也不"供过于求",这便是线性规划的基础形式。

从上面的例子中能够看出,线性规划使用数学模型描述相关问题。"线性的"意味着模型中所有的数学函数都是线性函数。"规划"是一种解决运筹学线性优化问题的计划,随着计算机技术的发展而通过计算机程序编制的方法解决问题,不等同于英文术语中的计算机程序"Program"。因此,线性规划涉及获得最优结果的活动计划,如达到一个在所有的可行方案中最好的(根据数学模型)特定目标。

当然,运筹学中所涉及的规划问题,要比本部分所介绍的线性规划丰富、有趣得多。能够解决工厂选址的整数规划问题,可用于解决人员分配的动态规划问题……这些,都将在你的求学之路上等待着与你相遇。

➡➡排队的学问——缩短等待时间

排队是我们在日常生活中经常会遇到的现象,一家医院、一家网红奶茶店、一处旅游胜地……排队现象随处可见。那么,看着长长的队伍,你是否有思考过这些问题:为什么会排队? 队伍的长度和排队的时长与什么有关,是人数、服务台数量,还是其他的原因? 怎样才能解决这些问题? ……这些问题便是运筹学中排队论所要解决的问题。

排队论(Queuing Theory)又称随机服务系统理论(Random Service System Theory),是研究服务系统中排队现象随机规律的学科。怎样理解呢? 我们拿奶茶店举例子。我们知道,对于店长,每天有多少人、什么时候会来买奶茶是无法提前知道的,也就是说,顾客的数量与到达时间均是随机的。所以,当前来买奶茶的顾客出现排队现象之后,店长就需要给出相应的策略了,例如多开放几个点单窗口,提升制作每一杯奶茶的速度,增加制作饮品的机器数量,等等,否则,较长的排队时间会导致顾客的流失,从而影响奶茶店的收益与口碑!

那么,在奶茶店的例子中,奶茶店便构成了一个排队系统。一个排队系统由服务机构和服务对象构成,对应到奶茶店中,店长、店员与制作奶茶的设施便是服务机构,前来买奶茶的顾客便是服务机构的服务对象。

从上面的描述中我们能够知道,一家奶茶店为什么会排队? 原因之一是要求服务的数量超过了服务机构的容量,也就是说有部分的服务对象不能立即得到服务;原因之二是系统服务对象到达时间和服务时间均存在随机性。前者可以通过增加服务机构的容量来解决,但无休止地增加服务机构的容量会导致成本增加和设备浪费。对于后者,因为店长无法提前预测排队人数与排队时间,所以排队现象几乎不可避免。

在顾客可以承受最长等待时间为 100 分的条件下,我们通过改善排队时间与增加开放服务台数量等措施进行优化,优化后将顾客流失率从 46.6% 降低至零,整体的排队时间也从 180 分低至 75 分。改善前、后排队情况对比见表 1。

表 1　　　　改善前、后排队情况对比

情况	排队人数/人	排队时间/(分·人$^{-1}$)	已开放服务台/个	顾客流失率/%
改善前	30	6	1	46.6
改善后	30	2.5	2	0

那么,当我们能够根据已知信息(如单位服务时间)得出一段时间内平均排队长度、顾客从进入服务系统到完成服务所花的平均时间(如从排队直至拿到奶茶离开这一过程所花的时间)、每个服务台在单位小时内的服务时间(如每个窗口进行奶茶售卖的时间)这一系列指标,是不是就能够基本判断一个排队系统的服务强度,并根据数据调整系统做得不好的地方,从而缩短排队时间了?

答案是肯定的,但我们还需要学习更多的基础知识来解决更多复杂而有趣的问题。将生活中最常见的问题用数学表达出来并给出解决方案,运筹学的实用性与趣味性便显而易见了。

➡➡工厂布置——找到最省空间布局

说到布置，大家脑海中会展现出什么呢？桌子摆放整齐的考场？麦当劳里分工明确的食品制作区？被爸爸、妈妈整理得井井有条的家？很显然，教室的布置与家里的布置截然不同。生活中随处可见的布置，有着怎样的学问？在企业的工厂中，又该怎么布置才能够达到最好的效益？

从上面的例子中可以看出，一片区域怎样布置，很大一部分取决于它的功能。用于考试的考场和用于生活起居的家自然不能用同一套布置方案，而就算都是考场，笔试考试的考场与口语考试的考场、绘画考试的考场与声乐考试的考场也不能布置得一模一样。

除此之外，一片区域的最终呈现形式不仅受到功能的限制，还与在这片区域工作的情况有关。例如，厨房的切菜台往往与洗菜池相距较近，超市中销量好的商品往往摆放在醒目的位置……因此，当我们进行布置时，不仅仅需要考虑这个地方满足什么功能，还应该根据作业特点合理安排区域内各部分的分布位置，以提供更好的使用体验。

想必现在，大家对于布置已经有了一个相对清晰的印象了：布置就是根据某一区域的使用需求与作业情况，对区域中的设施进行空间上的合理安排。那么对于与工业工程紧密联系的工厂，又该怎样进行布置呢？

工厂的功能就是生产。我们需要针对生产的对象与流程设计不同的布置方案。例如，化工厂会产生大量废气、废水，发生复杂的化学反应，因此，我们可以根据生产流程设计电解区、加热区等专门区域（按工艺原则布置），同时需要考虑排污通道的建设；冰箱厂多为流水线生产，可将整个生产或服务过程分解为一系列标准化作业，由专门的设备和人员完成（产品专业化布置），如冰箱门制造区、内胆制造区、电动机制造区……

图3所示为某工厂改善前、后的布局。

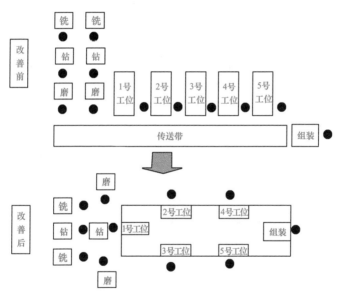

图3　某工厂改善前、后的布局

由改善前、后效果可以看出，铣、钻、磨等工序呈环形布局，各工位也呈环形布置。这样布局减少了人的行走区域与活动范围，从而提高了生产率。

➡➡**进度控制——关键路线与最短时间**

怎样既经济、高质量又快速地完成一项工作？一项工作完成的时间长短与什么相关？

给出这样一个简单的例子：

洗开水壶用时 1 分，烧开水用时 15 分，洗茶壶用时 1 分，洗茶杯用时 2 分，拿茶叶用时 1 分，泡茶用时 1 分。

请问，泡好茶需要多长时间？

我们知道，盛水的木桶是由多块木板箍成的，盛水量也是由这些木板共同决定的。若其中一块木板很短，则此木桶的盛水量就被限制，该短板就成了这个木桶盛水量的"限制因素"。若要使此木桶盛水量增加，只有换掉短板或将其加长才行。也就是说，一个水桶无论有多高，它盛水的高度取决于其中最短的那块木板。

这是美国著名管理学家彼得所提出的木桶效应（图 4）。

图 4　木桶效应

18

从这个熟悉的理论中我们就能够很好地回答本节开头所提出的第二个问题了：一项工作完成的时间长短是由这项工作中耗时最长的一部分工作所决定的。也就是说，如果我们能够找出那一部分耗时最长的工作，并在不改变整体工作顺序的基础上合理压缩其工作时间，那么就能够得出最短的工作时间。

对于前文所给出的泡茶的例子，我们很快就能够明白，需要花费15分的烧开水工作是影响泡茶时长的"瓶颈"，但是，我们能够在这15分内完成洗茶壶、洗茶杯、拿茶叶的工作！这样，泡茶的时间就变成了1分（洗开水壶）＋15分（烧开水）＋1分（泡茶）＝17分！再进一步思考，如果我们能够通过改善烧开水的方式、设备来减少烧开水的时间，那么泡茶的总时间便能够实现整体的缩短：若烧开水的时间可压缩3分，整体的泡茶时间便下降至14分。这便是抓住主要矛盾进行改善得到的效果（表2）。

表2　　　　　　　多轮改善效果对比

改善前/分	并行后/分	压缩关键路径后/分	总时间压缩率/%
21	17	14	33

有了这样的思路，当我们遇见更加复杂的流程时，我们只需要找出流程中的关键路径（完成各道工序需要时间最长的路线），在不破坏整体流程顺序的基础上，在关键路径上的工序可压缩时间的范围内对其进行压缩，便能够得到更优的流程安排方案。同时，压缩需要一定的成本，因此，当我们进行时间压缩时，还应当考虑其经济性，一味地压缩时间并不总是最好的策略。

➡➡**库存问题——少占资金,保障供给**

在日常生活中,库存是很常见的现象:超市打折屯下来的纸巾、网购买回的成箱的水果;在工厂里,生产需要的原材料、辅助材料,或者某些外部采购零部件在产品、产成品等,如果存储太少,一旦供应不上就不能满足生产需求。如果存储过多,除了积压资金外,还要承担一笔可观的保管费用,以及因物资存储过久,造成锈蚀、霉烂变质、流失等资源的损失和浪费(图5)。

图5　仓库的布局

在生产过程中,为了均衡而有节奏地进行生产,工序与工序之间也存在合理的存储问题。而且,工厂的产品生产通常是根据市场需求和订货合同来进行的,由于市场需求量常常具有随机性,因此企业的决策者便面临应该间隔多长时间生产一批产品,每批生产多少产品及仓库应该存放多少产品才合理等一系列问题。除了工业企业有存储问题外,在商业

20

企业的卖场或仓库里,如果存储商品数量不足,发生缺货现象,就会失去销售机会而减少利润;但如果存量过多,一时销售不出去,就会造成商品积压,从而占用流动资金过多造成资金周转困难。由于顾客购买何种商品及购买多少都具有随机性,为了多创营业利润,最大限度地减少损失,商店管理人员就应该研究商品的合理存储量。再比如加油站存储油,如果一次存储得太少会造成脱销,太多则造成库存负担。仓库管理流程如图 6 所示。

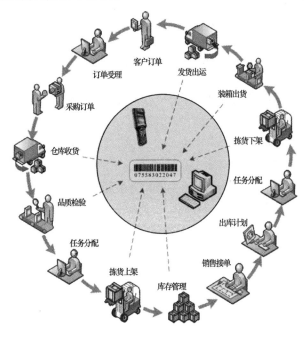

图 6   仓库管理流程

因而我们可以知道,在对商品进行采购时,需要对当下的消耗水平、消费者的需求水平、产品的进价以及批量优惠等因素进行综合分析与了解。此外,库存问题绝不是一个独立的个体,我们可以联想到前文所提到的进度控制问题。试想,如果生产中没能很好地进行进度控制,调节关键路径,使得生产冗余或是过于超前,同样会导致成本的不必要增加与大量半成品的库存。因此,对于一个完整的生产系统,布置、库存、计划都是必不可少且环环相扣的,而这也正是工业工程的应用性、广泛性与系统性的集中展现。

▶▶工业工程的使命——系统优化

工业工程起源于 20 世纪初的美国,从最初基于动作研究、标准化的一系列加工生产过程,到后续吸收数学和统计学知识,在设施规划布局、生产计划、质量、物流与供应链等一系列复杂研究对象中创立了许多工业工程的原理和方法。纵观这些对象,都是由一系列相互影响、无法割裂的微小元素构成的复杂系统与问题。自起源以来,工业工程一直针对此类存在系统性求解难点的问题,不断探索发展。

➡➡工作研究与流程优化——破解影响效率的各种因素

无论是泰勒的铲子还是吉尔布雷斯的砌砖术,就其结果而言,是让生产的效率提升——一个人一小时可以干更多的活。这就是工作研究与流程优化的目的——提升效率!

那么影响效率的因素有哪些呢? 工业工程利用操作分

析、动作分析等一系列研究工具,将一门工作进行拆解、研究,消除或者优化其中的冗余部分(不对实际工作提供帮助的部分)和实际工作部分(对实际工作提供帮助的部分)。例如,吉尔布雷斯在砌砖过程中缩短搬运动作的时间,泰勒对铲子进行挑选和设计从而提出更省时、省力的工作方式,这些就是工作研究对于效率的提升。而除了单个工作外,我们还存在多个部门同时协调的工作,比如去银行大厅办理业务(图7),我们通常需要大堂咨询、确定服务类别、机器取号、排队等候服务,柜台接受服务、专项业务指导等多个环节。如果遇到比较复杂的业务,客户就需要较长的时间才能办理完毕。对于银行服务流程的多样性和复杂性,我们可以通过优化服务功能和服务流程,并提升智能信息处理、自助平台服务等智慧运营能力,从而提升银行大厅的运营效率和服务能力。既让各项银行业务顺利完成,也让客户满意舒心。

图 7　银行大厅等候服务

而在上述这些案例中，我们看到了劳动工具的改进、劳动形式的优化、排队的同步进行、事先的预约等方式，提升了工作的效率，使我们可以用更少的时间干更多的事。

➡➡设施规划——优化配置各种资源

设施规划是指运用系统工程、运筹学、计算机技术等，综合考虑相关因素，对需要改建、扩建、新建的生产/服务系统进行分析、构思、规划、论证、设计，做出全面安排，使资源得到合理配置，物、人、信息流得到最大优化，使系统能够高效运行，以实现预期目标。

简单来说就是应用各种工具，对小到厨房的布局（图8），大到特斯拉的超级工厂里面的各个部件的位置进行设计，使其能够高效地满足服务对象的需求。以我们大家常见的厨房为例，我们需要有什么呢？一个灶台、一个吸油烟机、一处洗菜池，还有冰箱等设备。

图8　厨房的布局

那么家里一般是怎样布局呢？你考虑过为什么这样布局吗？一般情况下，家庭都是灶台旁边有一处切菜的桌面，上方是吸油烟机，这是由于设施布局需要考虑的两个因素：一个是设施之间的关联；另一个是设施的功能。

相信经常观察父母做菜的同学会细心地发现，菜一般都是在炒制之前现切，然后直接从切好的地方拿起来放入锅中。这是因为，一方面，像蔬菜这类食物，一旦切开，其保鲜的能力会大幅度下降；另一方面，制作一道菜肴通常需要不同时间来炒多种菜。切菜的地方用来放置和处理菜，其作用和灶台炒菜是相关联的，因此炒菜的地方一定和放菜的地方相近。

而吸油烟机主要用来吸除炒菜过程产生的油烟，考虑油烟是热气体，根据物理学科所学到的热气体上升，冷气体下降，所以油烟自身会有向上的运动。为了利用其自身的运动，以达到更好的除去油烟的效果，所以吸油烟机一般设计为安装在灶台上方。

如果上述两者不按通常方式放置，会怎么样呢？对于前者，我们会看到父母在炒菜的时候，一会儿去炒辣椒，一会儿去炒肉，来回忙碌，效率低，还大概率可能把菜炒煳。对于后者，我们如果把吸油烟机放在侧方，即便我们加大吸油烟机的功率，油烟依旧会渐渐扩散在厨房上空，从而达不到预期的效果。

由此可见，资源的合理配置对整个系统的影响很大。工业工程正是基于各类专业工具，简化问题并求最优解。

➡➡**计划与控制——合理调度人、财、物、信息**

计划这个词相信大家都不陌生，为了高考的完美发挥，相信大家都制订过背单词计划、背书计划、刷题计划等。对于一个企业来说，它也需要设定自己的计划，以便在年终核算的时候，交出完美的答卷，我们通常称之为生产计划。

生产计划是关于企业生产运作系统总体方面的计划，是企业在计划期内应达到的产品品种、质量、产量和产值等生产任务的计划和对产品生产进度的安排。通俗地讲，就是在什么时间段，生产多少件质量达标的产品。

通常为以下的任务：

（1）要保证交货日期与生产量（在客户规定的时间内，生产出客户需要的产品数量）。

（2）使企业维持同其生产能力相称的工作量（负荷）及适当的开工率（保证每天有活干，即不能出现工人连续休息一周，又连续干一周这样的不合理情况）。

（3）作为物料采购的基准依据（仓库不能太空，也不可以没有地方放原材料）。

（4）将重要的产品或物流的库存量维持在适当水平（这样突然来了大单或者原材料供应出问题，工厂依旧可以维持一段时间）。

（5）对长期的增产计划，做好人员与机械设备的补充安排（提前购置扩产需要的资源，如工具、培训人员等）。

为了完成上述任务，需要设计一个生产计划，它会趋向于每天都生产一定量的产品。假设一周内收到的订单和日生产量分别最多为10，我们根据不同任务安排生产计划，见表3与表4。

表3 　　　　　　　均衡生产计划

时间	周一	周二	周三	周四	周五	周六	周日
生产量	7	7	7	7	8	6	10
订单量	5	4	3	4	6	15	15
库存	2	5	9	12	14	5	0

表4 　　　　　　　最小库存生产计划

时间	周一	周二	周三	周四	周五	周六	周日
生产量	5	4	3	10	10	10	10
订单量	5	4	3	4	6	15	15
库存	0	0	0	6	10	5	0

对于表3，如果我们生产的是铅笔，仅可以对之后的生产订单做出一定的预测，显然库存虽然比较多，但工人却一直处于稳定的生产工作中，不会过多地起伏，而且对于周末可能出现的大量订购需求也可以满足，从而达到卖出更多产品的目标。

对于表4，如果客户是提前一周预订，这样虽然对于工人来说每天的工作量不一样，但当产品是保鲜要求很高的蛋糕时，可以保证用户的体验良好。

由此可见，不同的行业、不同的产品，其需求和目标存在差异，而工业工程却可以运用相关理论，对其进行建模和分

工业工程的前世今生

析,求解一个合理的生产计划,使得企业的生产系统满足实际的多维需求。

➡➡质量与可靠性——确保产品高品质与系统运行可靠

在出现手机卡顿、笔芯不出墨等情况时,我们往往会说产品质量不行。当然这个质量不是物理学的"质量",它反映的是产品能否让我们不说出"质量不行"这句话的能力。如果我们使用的笔芯耐用,我们还会再次购买,甚至向其他同学推荐:"这种笔芯质量不错,可以写很久。"而质量与可靠性就是对质量进行把控。

哪怕是计算机运行的程序,有一天也可能会报错,但这个报错的概率却是不一样的,就像相比于外面的菜馆,我们相信家里的饭菜更安全。网购时,如果你将商品退货,并且留下详细的差评,往往会对商品后续的销售产生影响。同样,如果一个人总是吊儿郎当、撒谎成性,你就不会轻易相信他说的话,即便他的话是真的。

工业工程在质量管理方面常用"新老七种工具"来对一个生产系统进行质量优化,但有的时候质量优化并不单单是提高单个产品的质量。假设有两个糖果销售商,一开始都是卖25克/袋的糖果,一袋5元,但往往都是早上卖得好,晚上就会有积压的货物,到最后只能降价出售。后来 A 糖果销售商更改为机器自动包装,反而晚上也卖得不错。这是为什么呢?因为人工包装的产品存在很大的误差,有的糖果一袋质量可能有 30 克,而有的糖果一袋质量只有 20 克,这导致早上的顾客会优先挑选一袋质量为 30 克的糖果,而留下的一袋质量为 20 克的糖果就只能降价出售。A 糖果销售商因为采用机器包装,虽然单个产品的质量均值依旧在 25 克,但由于它的足量和无差别而更受顾客欢迎,反而卖得比 B 糖果销售商好。

➡➡物流与供应链管理——降低物流成本,提高供应链整体效能

物流与供应链是指围绕核心企业,从配套零件开始,制成中间产品以及最终产品,最后通过销售网络把产品送到消费者手中,将供应商、制造商、分销商和最终用户融为一个整体的功能网链结构。物流与供应链管理的经营理念是从消费者的角度出发,通过企业间的协作,谋求供应链整体最佳化。成功的供应链管理能够协调并整合供应链中所有的活动,最终成为无缝连接的一体化过程。

物流(Logistics)原意为"实物分配"或"货物配送",是供应链活动的一部分,是为了满足客户需要而对商品、服务等消费以及相关信息从产地到消费地的高效、低成本流动和储存进行的规划、实施与控制的过程。物流以仓储为中心,促进生产与市场保持同步。

物流最直白的说法,就是货物的流动。货物的流动需要仓库、车辆和驾驶员。而这些就构成了物流的成本。对整个物流系统而言,它的优化目标即物流成本最小。

对于一个复杂的供应链来说,例如从北京到广州,

我们可以全程通过铁路运输，也可以先铁路运输再水运，还可以选择空运。这三种运输方法中，空运价格最高，速度最快，铁路运输和水运结合次之，铁路运输最慢。在一个物流中，往往会设定期限，此时需要我们根据时间来进行选择。

飞机，轮船和火车都是有容量限制的，一次就只能运这么多货，还涉及不同货物分配到不同货运道路的问题。随着供应链网络的扩大，同一火车需要经过多个节点，每个节点会有货物经过或者货物流出，此时最佳方案的求解就变得十分复杂，加之客户需求的不定，但工业工程运用运筹学知识，建立经典的运输问题模型，加之以算法求解和合理化，便可以得到一个较优解。

随着科技的进步发展，工业工程也在不同研究对象上枝繁叶茂。

工业工程的核心理念

大学之道，在明明德，在亲民，在止于至善。

——曾参

　　在图9所示的漫画中，有两只被一根绳子栓住的小狗，它俩前方各有一根骨头，两只小狗都非常焦急地向前去啃骨头，却因双方相反的拉力寸步难移，没有一只小狗可以吃到骨头。通过几番挣扎，两只小狗终于想出了方法：两只小狗一起转向同一边，一只小狗把一边的骨头吃到，再转向另一边让另一只小狗吃到骨头，这样两只小狗都可以吃到骨头。这幅漫画不能完全代表工业工程的思想与意识，但漫画下方的"There is always a better way."表达了工业工程的核心理念，即"永远有个更好的方法"，这体现了工业工程奠基人泰勒恪守的信条："做每件事，总有一个最好的方法，可以达到更高的效率。"

　　可以说，工业工程的魅力和价值就在于它的理念，也可以理解为我们看待问题的视角。工业工程不仅是一种技术和方法，更主要的是一种意识、思想、观念与哲理。经过长期

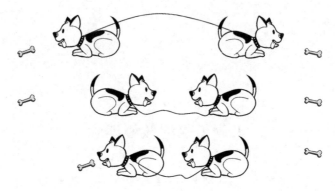

There is always a better way.

图9　工业工程漫画

的发展与实践的验证,工业工程逐渐形成了一系列基本思想,它反过来促使工业工程的实践更好地符合科学规律,进一步产生具有指导意义的核心理念,这些理念就是工业工程的精髓与灵魂。学习和应用工业工程的方法与技术,首先要建立系统而深入的工业工程核心理念,从思维能力上理解并遵循这些核心理念,有助于工业工程技术的运用和作用的发挥。工业工程在长期实践中形成了五大核心理念。

▶▶工业工程的价值追求——成本与效率

美国沙尔文迪在《工业工程手册》一书中指出,如果要用一句话来表明工业工程师的使命,那就是提高生产率。也就是说,提高生产率是工业工程的出发点和最终目的,是工业工程师的第一使命。工业工程从诞生之日起,就将降低成本、提高质量和提高效率作为其宗旨与核心目标。工业工程实际上是一门旨在获得最佳整体效益(以提高总生产率为目标)的工程技术,因而必须树立成本和效率意识。基于精益生产、效率优化、均衡协调的思想,工业工程可以通过消除过程中可见的和不可见的多种浪费加速价值流程,实现质量、成本与效率目标的一致性,寻求以成本更低、效率更高的方式实现高品质成果。下面从精益生产、效率优化、均衡协调三个思维方式与管理方法展开阐述。

➡➡**精益生产——制约浪费的"有形之手"**

20 世纪初,从美国福特汽车公司创立第一条汽车生产流水线以来,大规模的生产流水线一直是现代工业生产的主要特征。大规模生产方式是以标准化、大批量生产来降低生产成本、提高生产率的。但随着市场需求多样化的发展,新的时代需求应运而生。

20 世纪 50 年代,日本经济还未完全复苏,丰田公司正面临着破产的危机。这时丰田公司派遣公司当时最年轻的董事丰田英二前往底特律参观当时世界上最大且效率最高的制造厂,即福特汽车公司的鲁奇工厂。经过仔细调研,丰田英二回到日本与当时具有丰富制造经验的工厂经理大野耐一讨论后,共同认为大批量的生产方式不适合日本:一是由于当时日本国内市场狭小,所需要汽车的品种又很多,多品种、小批量的需求并不适用大批量的生产方式;二是战后的日本缺乏大量外汇来购买西方的技术和设备,不能单纯地仿效鲁奇工厂并在此基础上改进;三是当时的日本缺乏大量廉价劳动力。因此,丰田公司对生产方式进行了符合日本需求

工业工程的核心理念

的革新,例如目视管理法、快速换模法、现场改善、自动化、五问法、供应商队伍重组及伙伴合作关系、拉动式生产等,并建立起一套适合日本的丰田生产方式。丰田生产方式受到了学术界与实践界的重视。经过多名专家和学者的共同努力,1990年麻省理工学院沃麦克教授等第一次把丰田生产方式定名为精益生产方式。

精益生产方式是一种以准时制、全员积极参与改善为核心,使企业以最少的投入获取成本和运作效益显著改善的生产管理模式。它的特点是强调客户对时间和价值的要求,以科学、合理的制造体系为客户带来增值的生产活动,缩短生产周期,从而显著提高企业适应市场变化的能力。精益思想反对和致力于消除任何形式的浪费,例如残次品、超过需求的超量生产、闲置的商品库存、不必要的工序、人员的不必要调动、不必要的等待等。

精益生产的理论与方法随着全球环境的变化而不断发展,形成了大规模定制与精益生产相结合、JIT2、"5S"、TPM等理论的新发展,成为工业工程制约浪费的"有形之手"。

➡➡效率优化——提高效益的"无形思维"

效率优化是工业工程无止境的追求目标。日常生活中存在很多不经意使用工业工程效率优化思维的情景。例如,早上起床需要做用微波炉热早饭、刷牙洗脸、吃早饭三件事情。多数人都会先热早饭,再去刷牙洗脸,这样无形中将热早饭与刷牙洗脸同时进行,节省了时间,提高了效率,这就是最简单的应用工业工程的实例。

在华罗庚先生的《统筹方法平话及补充》中,有一个"喝茶问题":烧水泡茶有六道工序,分别为洗开水壶、烧开水、洗茶壶、洗茶杯、拿茶叶、泡茶,各道工序用时分别为 1 分、15 分、1 分、1 分、1 分、2 分,则沏好茶最快需要的时间是多少分?这也是工业工程中经典的统筹优化问题,在烧开水的同时洗茶壶、洗茶杯、拿茶叶,可以较为明显地节省时间,提高效率。

当前,快餐业的服务效率是竞争的关键。例如麦当劳提供的某套餐中包括汉堡、薯条、可乐。以一个顾客点餐、服务员为其供餐为例,其操作流程可以简单表述为员工放纸杯 3 秒,饮料机冲可乐 10 秒,员工取可乐 4 秒,取汉堡 10 秒,取薯条 12 秒,一共为 39 秒。其中,冲、取可乐是人机配合作业。经过人机操作分析,可以很简单地对流程进行优化,即在冲可乐的机器时间内,员工可以去取薯条或者汉堡,这就减少了等待时间,缩短了周期时间,并提高了员工的利用率与服务效率。这也充分地体现了工业工程意识。

1996 年亚特兰大奥运会遇到了每一个世界级大型运动会都会遇到的难题,即需要将语言不同、习俗不同的一万余名运动员安排在远近不同的公寓里,每一个属于同一代表队的队员要安排在同一处,并且保证他们能及时赶到训练和比赛现场。因此,当时组委会充分运用工业工程的相关理论与方法,运用软件设计地图并在计算机上模拟安排。一方面,进行运输系统的规划,通过优化公式计算出需要多少辆车及其运行的路径,并考虑多种因素高效率地把运动员准时送到目的地;另一方面,进行仿真和排队问题的解决,设计窗口的

工业工程的核心理念

35

服务和管理优化。此外，关于库存的管理，设计仓库与物资发放的匹配与优化。通过工业工程的专业知识与实践结合，实现奥运会的效率与效益的提升。

➡➡**均衡协调——降本与增效的辩证统一**

沃尔玛公司是全世界零售业销售收入位居第一的巨头企业，以精确掌握市场、快速传递商品和最大限度地满足客户需求著称。灵活、高效的物流配送系统是沃尔玛达到最大销售量和低成本存货周转的核心。沃尔玛在 100 多家零售卖场中央位置的物流基地周围建立一个配送中心，可以同时满足 100 多家零售卖场的需求，以此缩短配送时间，降低送货成本。同时，沃尔玛首创了交叉配送的独特作业方式，进货与出货几乎同步，没有入库、储存、分拣环节，大大减少中间过程，加速货物流通，降低管理成本。相关数据表明，沃尔玛的配送成本仅占销售额的 2％，而一般企业高达 10％，因此，沃尔玛实现了降本与增效的均衡协调。

在物流业中，降本与增效的核心在于解决发货方与收货方在时间和空间上的错配问题，在最短的时间内用最低的成本解决错配问题，也是物流企业长期追求的目标。其中，京东物流提出"减少搬运次数"的核心原则。基于此原则，京东物流在全国范围内大力投入了仓储网络基础设施，即将资产布局在离需求更近的地方或者用轻资产替代重资产，去提升效率和资源利用率。因此，包括仓配网络在内的基础设施及长期软、硬件投入是产业链降本增效的关键驱动要素，体现了工业工程成本与效率的协调均衡。

▶▶工业工程的核心意识——问题与改革

工业工程最基本的功能是综合运用数学、物理学和社会科学的基础知识及工程分析的方法对企业问题进行描述,进而通过一系列诊断、分析、改进的技术与工具,帮助企业找到解决问题的方向与方法,使各生产要素达到有效的结合,形成一个有机整体系统。工业工程师有一个基本信念,即做任何工作都会找到更好的方法,改善永无止境。为使工作方法更趋合理,就要坚持改善。因此,工业工程作为工业界的"医生",必须树立问题和改革意识,不断发现问题,分析问题,寻求解决问题的对策,勇于改革创新。无论一项作业、一条生产线还是整个生产系统,都可以不断地进行研究分析并逐步加以改进。

➡➡诊断问题的"眼睛"

工业工程发现与诊断问题有以下几个典型方法:

✤✤5W1H 提问技术

5W1H 提问技术是指对研究工作以及每项活动从原因[为何做(Why)]、对象[做什么(What)]、地点[何处做(Where)]、时间[何时做(When)]、人员[何人做(Who)]、方法[如何做(How)]等六个方面进行提问,为了清楚地发现问题,可以连续进行提问,根据提问的答案,弄清问题所在,并进一步探讨改进的可能性(表5)。

表 5　　　　　　　　5W1H 提问技术

考查点	第一次提问	第二次提问	第三次提问
原因	为何做(Why)	为何要做	是否不需要做
对象	做什么(What)	为何要做这件事	有无其他更合适的对象
地点	何处做(Where)	为何需要在此地做	有无其他更合适的地点
时间	何时做(When)	为何需要在此时做	有无其他更合适的时间
人员	何人做(Who)	为何需要此人做	有无其他更合适的人员
方法	如何做(How)	为何需要这样做	有无其他更合适的方法

例如，大野耐一在《丰田生产方式》中举出的关于原因(Why)的 5 个为什么的案例：

工厂现场人员发现一台机器不转动了，于是开始提问：

①"为什么机器停了？"回答："因为超负荷保险丝断了。"

②"为什么会超负荷？"回答："因为机器轴承部分润滑不够。"

③"为什么润滑不够？"回答："因为油泵吸不上油。"

④"为什么吸不上油？"回答："因为油泵轴磨损松动了。"

⑤"为什么磨损了？"回答："因为没有安装过滤器，导致混进了铁屑。"

安装了过滤器后，因为可能混入铁屑所导致的一系列停机问题就得到根治了。当然问为什么时也不能够将问题扩大化，如问"为什么没有安装过滤器？"，回答为"厂长经营不善",要求更换厂长,问题就扩大化了,不利于解决实际问题。

✤✤ 观察法

观察法是一种常用的直接获得信息的方法,通过观察现象来发现现象背后存在的问题。通过观察可以得到的信息包括:工厂、仓库和办公室的布局;作业活动、原材料和人员的流动;工作方法、工作节奏和纪律;工作环境(如噪声、光照、温度、通风、秩序和整洁情况等);高级和中级管理人员、监督人员、专业人员和工人的态度与行为;人与人之间、组与组之间的关系;等等。

✤✤ 结构性问卷调查法

结构性问卷调查法采用一种结构性问卷形式,通过不同角度和层面,用问题对系统进行层层剖析,即对系统进行水平方向的"横切"和垂直方向的"纵切",最终将系统的运行机制和问题完全地显现出来。它是系统诊断问题的重要方法。

➡➡ 分析问题的"工具"

工业工程分析问题有以下几类较为常见的工具:

✤✤ 系统分析

系统分析是一门分析技术,是第二次世界大战后由美国军事研究机构兰德(RAND)公司最早开发的。系统分析是从确定所期望的目的开始的。为了确定目的,必须提出问

工业工程的核心理念

题,在收集资料的基础上,建立模型,通过模型预测各种可行方案和效果,并根据评价标准进行分析和评价,确定各方案的选择顺序,若得到满意的结果,则做出最后的决策。目前,系统分析被认为是应用建模、优化、仿真、评价等技术对系统各个方面进行定量和定性分析,为选择最优或最满意的系统方案提供决策依据的分析研究过程,是工业工程的重要理论和基础。

❖❖❖ **系统图表法**

系统图表法是工业工程及其系统分析中常用的结构模型化方法,在规划活动过程、分析复杂问题方面具有直观、简捷和富于启发性等特点。系统图表有问题分析图表和活动规划图表两类。问题分析图表以关联树图及矩阵表为代表,还有特征因素图(鱼骨图)、成组因素综合关系图及其交叉关系矩阵、解释结构模型等;活动规划图表以各种流程图为代表,另有 HIPO 图(活动一览表、规划 HIPO 图、工作 HIPO 图等)、工作分配表、工作进度表(甘特表)等。

❖❖❖ **情景分析**

情景分析一般是指在专家集体推测的基础上,对可能的未来情景的描述。对未来情景,既要考虑正常的、非突变的情景,又要考虑各种受干扰的极端的情景。情景分析法就是通过一系列有目的、有步骤的探索与分析,设想未来情景以及各种影响因素的变化,从而更好地帮助决策者制定出灵活而且丰富有弹性的规划、计划或对策。它是一种灵活而富有创造性的辅助系统分析方法,是一种综合的、具有多功能的创造性技术。

→ → 解决问题的"思维"

泰勒的信条是"做每件事情都一定有一个最好的办法",因此工业工程解决问题的思维就在于追求永无止境的改善,这也体现了工业工程的创新精神。今天所做的合理化改善,随着工艺的调整、产品的切换、设备的改善、人员的变化等因素的变化,又会出现新的问题,变成新的不合理,所以需要持续地改善。改善是永无止境的,一个企业和组织想不断地成长,增强竞争力,满足客户的需求,就需要不断地改善。

在持续改善的思维方式下,工业工程提出了实现改善的ECRS(Eliminate,Combine,Rearrange,Simplify)原则。

取消(Eliminate):首先考虑该项工作有无取消的可能性。如果所研究的工作、工序、操作可以取消而又不影响半成品的质量和组装进度,这便是最有效果的改善。例如,不必要的工序、搬运、检验等,都应予以取消,特别是那些工作量大的装配作业。例如,由本厂自行制造变为外购,这实际上也是一种取消和改善。

合并(Combine):将两个或两个以上的对象变成一个。如工序或工作的合并、工具的合并等。合并后可以有效地消除重复现象,能取得较大的效果。当工序之间的生产能力不平衡,出现人浮于事和忙闲不均时,就需要对这些工序进行调整和合并。

重排(Rearrange)：通过改变工作程序，将工作的前后顺序重新组合，以达到改善工作的目的。例如，前后工序的对换、手的动作改换为脚的动作、生产现场机器设备位置的调整等。

简化(Simplify)：经过取消、合并、重组之后，再对该项工作做进一步更深入的分析研究，使现行方法尽量地简化，以最大限度地缩短作业时间，提高工作效率。

▶▶ 工业工程的卓越追求——工作简化与标准化

工业工程追求高效与优质的统一。工业工程自形成以来，工业工程师一直在推行工作简化、专门化和标准化，即"3S"，这一工作对降低成本、提高效率起到了重要作用。尽管现代企业面对复杂多变的市场需求，为了在激烈的市场竞争中立于不败之地，必须经常开发新产品、新工艺，更新技术，并为满足顾客的差异化需求而不得不以多品种、小批量为主要生产方式，但是，工作简化和标准化依然是保证高效率和优质生产的基本条件。工业工程师将每一次生产技术改进的成果以标准化形式确定下来并加以贯彻，并在不断改善的同时，更新标准，推动生产向更高水平发展。

➡➡ 工作简化——最简单的才是最好的

工作简化(Simplification)是改进工作方法或工作程序，以便更经济、更有效地利用人力、物资、机器来从事某项特定的工作，提高工作效率。

工作简化一般可分为以下六个步骤：选定准备进行研究的工作项目，一般应为经济价值高、对整个工作影响重大的工作项目；直接观察法分析所研究工作项目的全部情况，并在生产程序图上用各种符号做详细而精确的记录；分析生产程序图所表现的事实程序；考虑全盘工作情况，对各项作业按照具体情况予以取消、合并、重排或简化，以便找出一种最好的工作方法；衡量所选定方法中的工作量，并计算所需要的标准时间，一般工作可在这一步骤中把改进的方法付诸实施；就已决定的标准方法和允许的时间，确定新的工作方法和工作程序。

例如，20世纪80年代初，福特汽车公司面临着竞争对手带来的巨大挑战，需要想办法降低公司成本，尤其是经过调研发现，同样的工作该公司所需人员数量是其他公司的十倍，甚至百倍。因此，福特公司对业务流程进行彻底再造，通过工作简化大幅度提高了工作效率。

➡ ➡ 工作专业化——专业的人干专业的事

工作专业化（Specialization）是指对生产工艺实行专业化，对零部件生产实行专业化，对组织、部门、战略、职能等也可以实行专业化，其目的就是提高效率。

例如，1993年起，福耀玻璃在上市之初，获得融资后走上了多元化发展之路，从玻璃行业将产业触手伸到装修公司、加油站、汽车配件公司、贸易公司、房地产公司等，而在这条多元化发展道路上福耀玻璃面临着多重困难。福耀玻璃的创始人曹德旺经过考察决定将福耀玻璃定位为聚焦专业

工业工程的核心理念

化业务、专注于玻璃制造，这就意味着福耀所有的资金、资源等投入全部聚焦，这样更加有助于实现产品优势的积累以及优势的爆发。经过长期的专业化经营，福耀玻璃成本显著下降，规模优势开始显现，市场占有率逐步提升。

➡➡工作标准化——可固化、可复制与可推广

工作简化是工业工程技术的过程体现，作业方法和工具的标准化是工业工程阶段性成果的体现。标准化，能固化阶段性管理和技术改进的成果，成为衡量作业者操作水平和流程水平的标准。

标准化是麦当劳成功的秘诀。它把人们通常只在工业领域运用的标准化手段成功地运用在餐饮业，并很成功地发挥了标准化的作用。麦当劳对原材料的要求有一定的标准，加工工艺是标准的，产品的品种、规格不多，但产品的质量稳定，而且有专门的部门来研究产品（食品）的加工方法并进行标准化。麦当劳除了一般意义上的标准化之外，还把经营模式标准化，即连锁加盟。因此，麦当劳统一装修、统一标识、统一营销模式等充分地发挥了标准化的好处，即便于复制。现代化大规模生产的实质就是大规模地复制产品，因而麦当劳能够席卷全球。

▶▶工业工程的心智模式——系统思维与全局最优

系统、整体、综合是工业工程的重要特点。现代工业工程追求系统整体优化、生产要素的充分利用和子系统效率的提高,因此,必须从全局和整体的需要出发。针对研究对象的具体情况选择适当的工业工程方法,并注重应用的综合性和整体性,这样才能达到"1＋1＞2"的效果。

➡➡系统观念——大处着眼

大处着眼是指从宏观角度审视企业中的问题及其性质和程度,将问题的内在属性和外在影响的关系建立起来,从而找到瓶颈问题和解决问题的出发点。整体优化要求通过分层、有序、关联、一致的做法,实现对问题的诊断和处理。

例如,过去"散、乱、差"的状况是制约我国汽车工业发展的重要障碍,很多地区都将汽车工业作为支柱产业,造成产业结构趋同化,实际就是缺失全局和整体思维。

再例如,在北宋年间,皇宫不慎失火,皇帝诏令大臣丁渭组织工人修复烧毁的宫殿,限期完工。当时的情况是,一方面没有汽车、起重机、挖掘机等现代工程作业与运输设备,一切工程都只能靠人挑肩扛;另一方面,皇宫的建筑要求高大宽敞、富丽堂皇、雕梁画栋,十分考究,既要有精湛的技术又要有相应的材料,费时、费力、费资金。因而这是一项非常艰巨的任务。

丁渭经过观察与分析,发现修复过程存在以下几个问题:京城内缺乏烧砖用的土;大量建筑材料运输困难;大量的建筑垃圾无处堆放。丁渭针对每一个问题进一步挖掘目标,提出相应的行动对策:京城内无土,丁渭便就地取材,把烧毁

了的皇宫前面的一条大街挖成了一条宽大的沟渠,利用挖出的泥土烧砖,解决了无土烧砖的难题;运输困难,丁渭便想到构建运输渠道,把皇城开封附近的汴河水引入挖好的沟渠内,使沟渠变成了一条临时运河,这样运送沙子、石料、木头的船就能直接驶到建筑工地,解决了大型建筑材料无法运输的问题;待建筑材料齐备后,将沟渠里的水放掉,并把建筑皇宫的废杂物、建筑垃圾统统填入沟渠内,又恢复了皇宫前面宽阔的大道,这样便解决了垃圾堆放问题。

丁渭就地取材烧砖,既解决了无土烧砖的问题,又节省了从远处取土的运输费用和时间;利用挖土形成的沟渠改造成临时河道运送大量建筑材料,既解决了运输难题,又能将各种建筑材料直接水运到工地,提高了运输效率,节约了运输成本与运输时间;将大量建筑垃圾统统埋进沟渠中,既节省了运力和时间,又减轻了对环境的污染,实现了整个系统的最优化。这种综合解决问题的思想就是一种典型的全局与整体思想。

➡➡持续改进——小处着手

小处着手是指解决问题时要细致、具体,工具、方法要得当,尽量降低因解决问题而带来的风险。问题解决、瓶颈消除和系统优化都是以持续改善为原则和宗旨的。

古希腊神话中有一位英雄叫阿喀琉斯,他有着超乎普通人的神力和刀枪不入的身体,在激烈的特洛伊之战中战无不胜。但就在阿喀琉斯为攻占特洛伊城奋勇作战之际,站在对手一边的特洛伊王子帕里斯却悄悄一箭射中了阿喀琉斯的右脚后跟。在阿喀琉斯婴儿时期,他的母亲忒提斯捏着他的右脚后跟把他浸在斯堤克斯河中,被河水浸过的身体刀枪不入,但被母亲捏着的脚后跟却由于浸不到河水而成了阿喀琉斯全身唯一的弱点。这个故事告诉我们,局部细微的弱点可能导致全局的崩溃。企业生产经营的每一个环节与用户价值都密不可分,一个零部件装配失误就可能给整个企业带来致命的损失。

综上所述,追求整体的优化是工业工程贯彻的重要思想。企业发展日趋庞大复杂,需要有整体系统的理念,才能彻底解决企业面临的问题。工业工程会应用统计技术、运筹学以及七大手法系统地去分析和改善企业所面临的问题。工业工程从工厂的规划设计开始就会参与,工厂开始投产后也会对生产线进行评价改进和改善创新。可见,持续系统性的改进活动会促进企业整体的系统性的改善。

▶▶工业工程的不变初衷——以人为中心

工业工程是一种"以人为中心"、有特定目标与活动的社会组织,由社会与技术两个子系统相互作用,可以实现"系统大于部分之和"的相乘效果。生产系统的各组成要素之中,人是最活跃和不确定性最大的因素。现代企业强调以人为本,充分发挥人力资本的效用,工业工程的活动也必须坚持以人为中心来研究生产系统的设计、管理、革新和发展,使每个人都关心和参加改进工作,提高生产率。

➡➡以人为本——充分挖掘人的潜能

以人为本，重视人的作用，体现科学发展观。工业工程在解决现代复杂生产活动中的问题时，特别强调人在系统中的作用，认为人在复杂系统中起着决定性的作用，特别注重尊重人，调动人的积极性与创造性，充分挖掘人的潜能。工业工程吸收了行为科学、心理学以及社会学的成果，发展了人机工程学。运用人机工程学，分析与设计了人与机器、人与环境的关系，采用人力资源管理、劳动定额、激励机制等方法，调动人的积极性。

以佳能公司的单元生产方式为例。在传统的大规模流水线生产中，每一个工作人员并不是一个"完整的人"，他们不需要思考，只是简单、机械、重复地完成固定的动作。整个工作容易引起疲劳和厌倦，无法实现创造性，也不能激发单个员工的工作积极性，因为整个生产流程被流水线"监督"起来了，个人无法决定它的快慢。与之相对，"佳能革命"体现的是一种"以人为本"的思考方式。在单元生产方式中，员工根据组装需要及自身的经验与体会，选择、调整和改进组装操作过程，从而使得员工成为思考的"人"，使得人的本性得到了相对充分的张扬，人的能量和价值得到了相对充分的发展。

➡➡环境意识——完全保障人的权益

从操作方式、工作站设计、岗位和职务设计直到整个系统的组织设计，工业工程都十分重视研究人的因素，包括人机关系，环境对人的影响，人的工作主动性、积极性和创造性,激励方法,等等,寻求合理配置人的其他因素,建立适合人的生理和心理特点的机器和环境系统,使人能够充分发挥能动作用,达到在生产过程中提高效率、保障安全、维护健康,并能最好地发挥各生产要素的目的。例如许多人因工程学产品,包括升降桌,人体工学键盘,人体工学鼠标、腕垫等。

以谷歌为例,谷歌非常重视办公空间的设计与应用,优秀的设计可以促进雇员健康、高效地办公,激发他们的潜在灵感与创造力(图10)。

(a)布达佩斯的　　　　　　　　(b)都柏林的

图10　谷歌的办公室

此外,谷歌倡导"站坐交替"式健康办公方式,通过使用智能升降桌＋人体工学智能 App,帮助雇员养成良好的健康办公习惯。办公场景下的人们,可以通过蓝牙快速连接智能升降桌,并创建个人账户,控制升降桌实现人桌交互。智能升降桌可以让雇员以符合人体工学的最佳姿势办公,通过记忆高度存储功能,可以随意切换站与坐,实现交替办公,避免久坐危害。人体工学智能 App 设有久坐提醒、健康数据统计分析、目标设定等多种贴心功能(图11)。

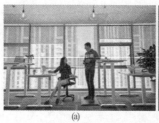

(a)　　　　　　　　　　(b)

图 11　智能升降工位

　　综上所述,工业工程的五大核心理念中,前三个阐明了工业工程实施优化和创新的方法和目的,后两个指出了工业工程思想的总原则,突出地表现了现代工业工程所具有的"社会性"特征。此外,工业工程的重要特征还体现为技术与管理相结合。从技术的角度去研究与解决生产组织与管理方面的问题(从技术到管理),而具体实施中,则站在系统全局管理的角度进行分析、设计、改造和控制系统的运行行为(从管理到技术),以求整体最优。工业工程是技术和管理密切结合的工程学科,而工业工程师是执行这一任务中,既懂技术又懂管理的复合型人才。

　　工业工程涉及的知识范围很广,方法很多,而且发展很快,新的方法在不断地被创造出来。因此,对于工业工程技术人员来说,掌握方法与技术是必要的,但更重要的是掌握工业工程的本质,树立工业工程思维,学会运用工业工程考察、分析和解决问题的思维方法,这样才能以不变(工业工程本质)应万变(各种具体事物),从研究对象的实际情况出发,选择适当的知识和技术处理问题,进而使工业工程的应用取得理想的效果,有效地实现工业工程目标。

工业工程的专业训练

博观而约取,厚积而薄发。

——苏轼

▶▶横跨多学科——工业工程人才培养理念

➡➡工业工程是"新工科"还是"新文科"?

从工业革命到移动互联网,再到当今"元宇宙"浪潮涌现的数百年里,有太多的时代变化、浪起潮涌,工业工程也紧随科技变迁,围绕其内核——优化,不断迭代,不断发展。通过前文的介绍,大家已经知道工业工程是一门综合性的学科,其既具有文科的属性,亦具有理科的思维。那么,传统的文科与理科是否适应新时代的发展,是否也需要进行一轮新的变迁?答案是肯定的。近年来,我国为适应新时代对新型人才的需求,提出了"新工科"和"新文科"计划。那么什么是"新工科"和"新文科"呢?现代工业工程属于"新工科"还是

工业工程的专业训练

"新文科"呢？工业工程又如何实现专业自身的革新呢？接下来将为大家——解答。

"新工科"一方面对应的是新工业，即第三次科技革命之后出现的新兴产业，如人工智能、机器学习、云计算等；另一方面则包括升级改造后的传统工业。从这个定义我们可以发现"新工科"发展的两条脉络，一条是对旧有产业的革新改造，另一条则是创造新型产业。现代工业工程更强调"新工科"的第一条发展脉络，即从传统工业工程出发，结合新兴技术不断优化和重构传统产业，使企业的管理方式适应时代需求。

"新文科"是相对于传统文科而言的。它以全球新科技革命、新经济发展、中国特色社会主义发展事业为基础，继承与突破传统文科的思维模式，促进多学科交叉与深度融合，从而推动传统文科的创新升级。同样，从这个定义出发，我们需要理清楚两个关键词，其一是"新思维"，其二是"多学科交叉融合"。现代工业工程依旧侧重管理类软科学，通过多学科交叉融合创造管理思维的创新，而非拘泥于工业技术本身。工业工程跨学科的优越性在多元化的现代社会将变得更加重要。

那么工业工程专业的革新之路是什么？这里没有明确答案，因为工业工程的革新本就是现在进行时而不是完成时。工业工程的革新有赖于无数从事工业工程专业的聪明大脑不懈奋斗，未来从事工业工程专业的你们完全可能创造一条前所未有的革新之路。当然，现代社会已经出现了几种经过检验、切实可行，并且对人才需求较大的革新方向。这里给大家简单介绍,其中可能涉及部分专业名词,大家不必一一细究,只要有个初步印象就可以,后文会为大家详细介绍这些专业方向。一方面,当前比较热门的一个方向是将工业工程的知识体系与互联网技术密切关联起来,用信息技术解决传统制造业难题。这个方向的发展有智能制造(图12)、工业大数据分析等。另一方面,则是运用"新思维"对工业工程的传统管理方式进行优化改良,或创造新的管理方式,包括精益制造、柔性生产等。

图12 智能制造

➡➡工业工程向哪些行业输送着精英人才?

通过以上论述,对新时代工业工程的属性以及发展方向大家都已经有了一个初步认知,那么工业工程向哪些具体的行业输送着精英人才呢?接下来将以一个日常工作场景的小故事为切入点,让大家寻找工业工程的相关职位。

老李是一家手机生产公司的资深员工,担任公司质检员已经20余年了。这天他早上起来乘坐早班地铁去上班,上

工业工程的专业训练

班路上他用手机看早间新闻时，无意中看到了一本质量管理方面的书，不禁打开链接进行试读。老李越读越觉得此书不错，于是就在地铁提示到站下车前进行了购买。下地铁后，老李向公司的方向走去，路上看到了生产计划与管理部的小赵，于是就上前打招呼，随后聊起了公司内部的事情。老李问小赵这个月的生产计划什么时候公布。小赵回答说今天上班后 8 点在公司管理信息系统内部公布。很快他们就走到了公司门口，于是相互告别向各自部门走去。老李走到自己部门，向部门同事一一问好，随后就喝口水准备工作。时间来到了 8 点，老李果然在管理信息系统内部看到了新的生产计划表以及相应的规章要求，同时收到了本日的工作内容——对一批新生产的手机成品进行抽检。老李很快就投入了工作。到了中午，老李和仓储管理部的一位朋友老吴相约一起吃饭。吃饭过程中老吴聊到了公司新一轮的供应商选择要开始了，问老李有什么意见。老李回答说今年情况没有什么变化，按照往年的选择就行。随之老李又问老吴当前公司库存情况如何。老吴回答说公司这两年在推行精益生产制度，库存一般保持在一个较低的水平，以减少库存成本。很快午饭结束，老李和老吴休息了一会儿又回到各自岗位，开始下午的工作。时间不知不觉来到了晚上，老李已经回到家中准备吃饭，这时突然收到了一条手机短信，老李打开手机短信，发现是自己早上买的书到了，不由得感慨现代物流服务真的是太快了。

故事说到这里，让我们一起来看看里面涉及的工业工程相关岗位有哪些。

首先，故事中的老李在上班路上遇到了一名生产计划与管理部的员工小赵，而小赵所担任的工作是典型的工业工程相关工作。随着现代化的不断迈进，企业管理者越来越意识到效率的重要性，而生产计划与控制就是研究怎么提高企业效率的一门学科。生产计划与控制部门是一个企业的"心脏"，掌握着企业生产及物料运作的总调度和命脉，直接涉及生产、采购、仓储、品控、开发与设计、设备工程、人力资源及财务成本预算控制等，其制度和流程决定企业盈利与否。同时老李和小赵聊天中出现的管理信息系统就是上文提及的传统工业工程与互联网技术相结合的产物。

其次，故事中老李的朋友老吴的工作部门——仓储管理部也是隶属于工业工程的工作岗位。仓库是企业物资供应体系的一个重要组成部分，是企业各种物资周转储备的环节，同时担负着物资管理的多项业务职能。保管好库存物资，做到数量准确、质量完好、确保安全、收发迅速，是企业不可缺少的一环。同时安全对于仓库来说尤其重要，仓储管理员的另一项职责就是要及时发现并消除各种危险隐患，有效防止灾害事故的发生，保护仓库中人、财、物的安全。

再次，不得不提及的就是老李的本职工作——质检员，这个职位属于企业内部的质量管理部门。这个部门主要负责制定公司质量管理、质量体系、质量检验等管理制度和程序，并组织相关制度、程序的贯彻实施和检查、考核。质量是企业的生命，优秀的质量管理工程师是企业的"保健医生"，保证企业持续健康的发展。

最后，值得一提的是老李网购所涉及的物流行业。当今

社会,快递、外卖服务已经成为我们生活中不可或缺的一部分,我们很难想象缺少快递、外卖行业的现代生活。但大家是否思考过这样一个问题,即从我们下订单开始,商品如何在相对较短的时间内送到我们手上？就像故事中的老李一样,早上下单,晚上就收到了快递。在这看似简单的过程背后包含了拣货、打包、配送等一系列流程,而服务于其中的就是工业工程专业的优秀人才。

当然,工业工程专业的优秀人才还可以在银行金融、咨询服务行业或政府部门担任工业工程师、系统分析员、生产工程师、管理顾问、操作分析员以及类似的职位,这里不再一一赘述。

工业工程的人才之所以拥有广阔的就业前景,是因为他们所学习的是涵盖多个学科要素的课程,而这些课程的内在关联使它们自成一体。学生一方面能更全面、系统地认知行业问题,另一方面又能融会贯通地使用不同学科的工具,比单一学科的专业人才更善于找到解决问题的切入点。下文将从基础知识、专业方向、实践教学三个方面,展现工业工程人才培养的系统工程。

▶▶纵深有要求——工业工程基础知识学习

➡➡管理是工业工程观察世界的视野

在人类历史上,自从出现了有组织的活动,便有了管理活动。管理活动就是在特定的环境下,对所拥有的资源进行有效的计划、组织、领导和控制,以便达到既定的组织目标的过程。管理活动的出现促使人们对来自这种活动的经验加以总结,形成了一些朴素、零散的管理思想。无论是在东方还是在西方,我们均可以找到古代哲人在管理思想方面的精彩论述。但直到 19 世纪末,随着欧洲工业革命的发展,才真正诞生了成熟、系统化程度较高的管理学理论。管理学自诞生以来得到了长足的发展,管理学的研究者、管理学的学习者、管理学方面的著作与文献等均呈指数级上升,显示了作为一门年轻学科蓬勃向上的生机和兴旺发达的景象。进入 21 世纪,随着人类文明的进步,管理学仍然需要大力发展其内容和形式。

管理学作为本专业的基础必修课,是一门研究人类社会管理活动中各种现象及规律的学科,是在近代社会化大生产条件下和自然科学与社会科学日益发展的基础上形成的,其涉及数学(概率论、统计学、运筹学等)、社会科学、技术科学(计算机科学、工业技术等)、新兴科学(系统论、信息科学、控制论等),以及决策科学、预测学等。

生产力决定生产关系,生产关系又反作用于生产力。从这二者的辩证关系来看,管理学研究主要包括以下两个方面:生产力方面,研究如何合理配置组织中的人、财、物,使各要素充分发挥作用,以求得最佳的经济效益和社会效益;生产关系方面,研究如何正确处理组织中的人际关系,如何建立和完善组织机构,以及各种管理体制,以最大限度地调动各方面的创造性。管理学课程将带你学习管理的一系列基础理论与方法,教你如何协调这二者之间的关系,以进一步

解放生产力。

　　生活中各行各业均离不开管理。就生产系统而言，"生产运作管理""质量管理与控制""物流与供应链管理"使得从原材料的获取、产品的制造直到销售环节无时不在高效地运作。

　　随着信息技术的发展，管理方式也在不断变革。信息是一种无形的资源，是人类发展的知识结晶，掌握了信息资源，就可以更好地利用有形资源。"管理信息系统"作为一门新兴的科学，强调最大限度地利用现代计算机及网络通信技术加强企业信息管理，不断提高企业的管理水平和经济效益。

　　人才作为第一资源，是管理活动的主要参与者。人的思维运动对人的活动具有能动作用，这种能动作用又对社会的发展起关键作用。"创新思维与管理意识"将通过思维导图、德博诺水平思考法等思维工具以及实战管理场景来训练人们的创新思维，树立管理意识。生产系统的各组成要素中，人是最活跃和不确定性最大的因素。"管理心理学"将研究人的行为规律及其潜在的心理机制，学习使用科学的方法改进管理工作，不断提高工作效率与管理效能，最终实现组织目标与个人全面发展。

　　管理的学习不能只停留在理论层面。专业实践诸如"管理定量方法课程设计""生产运作管理课程设计""物流管理课程设计"，企业课程诸如"高级质量管理与实践""精益生产与管理"，让你从实际管理问题出发，设计并实现满足生产与服务系统的效率、质量、成本及环境优化的方法，并在设计环节中体现创新意识，以验证、强化与拓展理论知识。

管理本身作为一种经济资源,在社会中发挥重要作用。先进的技术,要有先进的管理与之相适应,落后的管理不能使先进技术的潜力得到充分发挥。

➡➡数学是工业工程描绘世界的语言

工业工程是综合性的应用知识体系,要求技术与管理的结合。工业工程从提高生产率的目标出发,不仅要研究和发展制造技术、工具和程序,而且要提高管理的水平,改善各种管理与控制,使人和其他要素(技术、机械、信息等)有机协调,使技术发挥最佳效用,而这二者均离不开数学工具的支持。学好高等数学、线性代数、数值分析、应用随机过程等课程将为工业工程发现、分析、解决问题提供坚实的数理基础。

就技术而言,工业工程学科主要涉及工程力学、工程图学、机械设计基础等课程。机械设计基础主要学习机械中的常用机构和通用零件的工作原理、结构特点、基本的设计理论和计算方法,让你初步具备机械工程技术人员应具有的基本技能和独立完成一般机械设计的能力,为日后从事技术革命创造条件。机械设计基础的学习需要工程力学、工程图学、相关数学等知识的支撑。

有效的管理需要做出正确的决策。运筹学作为近代应用数学的一个分支,主要研究如何将生产、管理等事件中出现的决策问题加以提炼,然后利用数学方法进行解决,经常被用于解决现实生活中的复杂问题,特别是改善或优化现有系统的效率。高中课程中的线性规划就是运筹学的一个分支。例如,给定一定数量的多种资源,用于生产两类不同的

产品,如何分配有限的资源进行生产可以使得利润最大？对于这样一个简单的双决策变量问题,可以通过图解法解决(图13为一个简单示例)。那么,如果变量、约束有成千上万个,又该如何求解呢？除了线性规划,运筹学还包括非线性规划、动态规划、决策分析等。运筹学课程将带领大家学习多种不同的方法或工具来解决这些不同类型的实际规模问题。调度问题是生产实践中最为常见的一种决策优化问题,要求对于一个给定的活动计划确定各项活动进行的时间段,使得预先选定的目标函数取最小值。在这个方向上发展出了丰富的调度理论,调度理论与应用课程将带领大家学习针对调度问题的运筹优化方法。

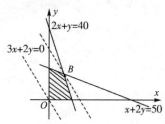

图 13　线性规划图解法示例

　　正确的决策离不开对相关系统状态的准确判断与预测。统计学是应用数学的一个分支,主要通过利用概率论建立数学模型,收集所观察系统的数据,进行量化的分析、总结,并进行推断和预测,为相关决策提供依据与参考。进行预测时,没有一种预测方法会绝对有效。一种环境下最好的预测方法,在另一环境下却可能完全不适用。无论使用何种方法,预测的作用都是有限的。预测方法与技术将教你如何根据实际场景,运用恰当的预测方法以准确地揭示客观事物的发展趋势,为决策提供支持。

除此之外,有效管理还需要对各种经济活动和各种相应的经济关系及其运行、发展规律的准确把握。宏观经济学以整个国民经济为考察对象,研究经济中各有关总量的决定及其变动。微观经济学则以单个经济单位(生产者、消费者等)作为研究对象,分析单个生产者如何将有限的资源分配在各种商品的生产上以获得最大的利润,单个消费者如何将有限的收入分配在各种商品的消费上以获得最大的满足等。用数学语言来表达关于经济环境和个人行为方式的假设,用数学表达式来表示经济变量和经济规则间的逻辑关系,通过建立数理统计模型来研究经济问题,并且用数学语言逻辑地推导结论,这就是计量经济学。

➡➡ 系统是工业工程理解世界的逻辑

工业工程强调的优化是系统整体的优化,不单是某个生产要素或某个局部对象的优化,最终追求的是系统整体最佳效益。工业工程从提高系统总生产率这一总目标出发,对各种生产资源和环节做具体研究、统筹分析、合理配置;对各种方案做定量化的分析比较,以寻求最佳的设计和改善方案,充分发挥各要素和各子系统的功能,使之协调、有效地运行。

还记得高中政治中曾学到,唯物辩证法要求我们用联系、发展的观点来看问题。其中,联系是指事物之间以及事物内部诸要素之间的相互影响、相互制约和相互作用。既然客观事物是普遍联系的整体,那就一定有其客观规律,我们

应该研究、认识和运用这些规律，系统工程就是这样一门学科。从 20 世纪 70 年代开始，系统工程的原理和方法被用于工业工程，使工业工程具备了更加完善的科学基础与分析方法，得到进一步的发展和更广泛的应用。

系统结构、系统环境和系统功能是系统的三个重要基本概念。但系统环境一般是不能任意改变的，在不能改变的情况下，只能主动去适应。而系统结构却是我们可以组织、调整、改变和设计的。这样，我们便可以通过组织、调整、改变系统组成部分或组成部分之间、层次结构之间以及与系统环境之间的关联关系，把整体和部分与环境协调统一起来，使它们相互协调与协同，从而在系统整体上表现出我们期望的和最好的功能。

有了基础理论，那么要采用怎样的方法去研究某一系统呢？系统建模与仿真将带你学习如何刻画你所要研究的系统，如何预测你所要研究的系统行为。系统建模是指在对实际系统分析的基础上，通过必要的简化与抽象，建立能描述或模拟系统结构、行为过程且具有一定逻辑关系或数量关系的系统模型。系统仿真是指对真实系统的模拟(图 14)。其通过揭示系统的规律，达到对系统行为进行预测的目的。系统建模是系统仿真的基础，系统仿真是系统分析和设计的前提。

现代控制理论往往依赖正确而精确的数学模型，否则就很难取得满意的结果。然而，在现实生活中，有许多情况不大可能得到精确的数学模型，如工业系统、生物系统、经济系统等。灰色系统理论与应用将教你如何应对其中的部分问

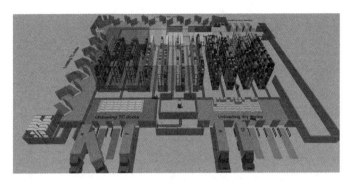

图 14 物流仿真模型

题。灰色系统理论是我国学者邓聚龙教授于 20 世纪 80 年代初创立并发展的理论,它是把一般系统论、信息论和控制论的观点和方法延伸到社会、经济、生态等抽象系统,结合运用数学方法发展出来的一套解决灰色系统的理论和方法。作为一种研究问题的新方法,灰色系统理论以"部分信息已知,部分信息未知"的小数据、贫信息不确定性系统为研究对象,主要通过对"部分已知信息"的挖掘,提取有价值的信息,实现对系统运行行为、演化规律的正确描述和有效监控。

➡➡**计算机是工业工程改变世界的工具**

随着科学技术的发展,尤其是信息技术的发展,计算机已经成为人们进行信息处理时最主要、最普遍的工具。作为一门新兴的交叉学科,工业工程的发展积极吸取相关学科的研究成果。上面提到的管理信息系统、运筹学等工具以及系统建模与仿真等,均离不开计算机技术的支持。

计算机语言(如 C、C++、Java、Python)、数据结构与算

法(如字符串、数组、链表、树、图、查找、排序、归并、动态规划等)、数据库(如关系型数据库 MySQL)等是工业工程学科涉及的主要计算机基础知识。

计算机语言与程序设计基础是计算机基础教学系列中的核心课程,主要讲授程序设计语言的基本知识和程序设计的技术与方法。它也是一门实践性很强的课程,通过这门课程的学习可以培养自己的计算思维,提高计算机应用能力,初步掌握程序设计的基本方法、编程技能与上机调试能力,并可尝试通过编程解决一些实际应用问题。

数据结构课程重点培养你的数据组织和处理能力,让你在程序设计的过程中能够正确分析数据的结构,并合理地选择数据的存储方式,设计科学操作算法,从而提高程序整体质量。

通过数据库原理课程的学习,使你理解数据库系统的基本原理,包括数据库的基本概念、各种数据模型的特点、关系数据库的基本概念、SQL 语言、关系数据理论、数据库的设计理论等,掌握数据库应用系统的设计方法,了解数据库技术的发展动向,以指导今后的应用。

管理信息系统的实现需要大量数据库原理知识的铺垫。而在实际问题背景下,运筹学中相关算法的应用不可能依赖手算,利用计算机语言与程序设计、数据结构等知识,将优化算法逻辑转化为实际可运行的程序,可大大提高解决工业工程实际问题的效率。

为了保持自身制造业的优势,德国提出了工业 4.0 产业升级计划,我国提出了"新型工业化"计划,第四次工业革命不断深化。第四次工业革命其实就是以物联网、大数据、机器人及人工智能为代表的数字技术所驱动的社会生产方式变革。它推动工厂之间、工厂与消费者之间的"智能连接",使生产方式从大规模制造转向大规模定制,其核心是网络化、信息化与智能化的深度融合。在这场技术革命中,工厂内外的生产设备、产品及人员之间将连接在一起,收集、分析相关信息,预判错误,不断进行自我调整,以适应不断变化的坏境。

因此,人工智能技术、数据科学和机械制造设备相结合的现代智能制造系统将成为未来工业工程研究的重点方向。人工智能概论、智能制造与数据分析、现代制造系统与Python数据分析基础等课程将带你跟随第四次工业革命的潮流,积累相关知识与技术,为建设社会主义现代化强国贡献自己的力量。

▶▶面向新时代——工业工程主要专业方向

➡➡智造源自数据驱动——智能制造与数据分析

制造业是立国之本、强国之基。然而目前我国制造业大部分还属于中、低端制造业,依然存在产能过剩、产业结构不合理、信息不对称等问题,诸如此类的问题便会导致制造型企业出现高库存、高成本、高订单延迟率等情况。为了应对这些挑战,智能制造顺应时代而生。在工业 4.0 的大背景下,生产制造型企业将更加关注自身的智能化转型。

工业工程的专业训练

　　智能制造是工业工程中十分热门且重要的领域,因此学会使用数据的方法尤为重要。智能制造与数据分析是与之相关联的专业核心课程,它结合了制造业和数据分析的技术,在大数据的基础上产生了"制造业大数据"这一概念。制造业大数据是制造科学与技术、数据科学与大数据技术的交叉技术,包括对海量制造数据的采集、传输、存储、处理和利用。这门课程旨在学习智能制造技术的基本理论和设计的基本方法,具有分析、选用和设计智能制造单元系统的能力。

　　而数据分析中,数据是最核心的,获取数据是一切数据分析的源头。在数据分析方面,数据分析基础、预测方法与技术和多元统计分析等课程都将帮助学生更加深入了解、使用数据,并且学会如何通过数学工具发现原本没有意义的数据中所隐藏的信息。同样地,数学水平高却不知如何使用也是不行的,计算机可以更好地帮助学生完成数据的获取与分析,计算机语言与程序设计、数据库原理、数据结构这些和计算机有关的基础课程都能帮助你高效地获取、分析并处理数据,通过将已掌握的数据分析方法和计算机结合起来,才能在这"不确定"的制造行业中,降低不确定性,从而产生价值。

➡➡物联胜于决策优化——物流管理与供应链优化

　　当你在淘宝购物时,有没有想过这件货物是如何通过原料采购、生产、存储、定价并最终运输到你手里的?其实,这一系列的商业活动都是依靠供应链而进行的。那么,什么是供应链?它和我们常常说的物流又有什么区别呢?从字面理解,物流就是货物流动,我们常说的"物流到哪里了",便是指这件货物送到哪里了,所以显而易见,物流可以看成货物从生产方到最终客户的货物流动过程,这里更关注的是实体性的货物流动。然而在物流过程发生时,还有许多"非实体"的流动,例如"信息流""资金流"。这些"非实体"的流动和与之相关的企业或客户共同形成了供应链。而供应链优化的目的就是让供应链运作达到最优,即以最小的成本使供应链满足从采购到最终客户需求的所有过程,这是每个企业都在追求的目标,实现供应链运作的最优能够让企业减少巨大的成本与花费。如何管理供应链,如何优化供应链,是每个企业都需要决策的过程。

正如上文提到的,供应链运作的过程涉及太多的方面,其中影响供应链的物流驱动因素主要有设施、库存、运输、信息、采购和定价。各个因素相互作用并会对供应链的整体产生影响。就运输这个因素来讲,生产商发出的一大批货物给经销商,使用哪种运输方式最经济?如果使用公路运输,走哪条路线,使用多少卡车?光是这一个小小的运输环节就能牵扯出这么多需要决策的部分。由此可见,供应链优化是一件非常重要且复杂的过程。

物流与供应链管理这门工业工程的核心课程便是教你掌握现代物流与供应链的基本概念、基本理论、相关模型及基本方法,培养对供应链和存在的问题进行系统思考和分析的能力。当学习完这门课程后,你应该能对全球环境下的各种物流实务做法有一定的了解,并且能够运用物流原理和使用一些模型、方法为企业带来竞争优势。这是一门综合性课程,涉及数学、经济学、管理学、工程学等广泛的学科知识,因

此需要掌握与之紧密相关的其他课程。

上述课程只是宏观地介绍了供应链优化的部分方法，但是供应链管理涉及的内容太多，要想学得更加扎实，还得更加系统地学习相关课程。例如：在设施方面，包括物流中心的选址、设施的购买与租赁等，这些都可以在设施规划这门课程中学习；在库存方面，包括公司库存水平的控制，更微观的有仓库的物料存储等，运输层面中包括路线选择与交通工具的选择，调度理论与应用这门课程会涵盖这些内容。

供应链是一个复杂而庞大的框架，不仅仅是制造型企业，在新冠肺炎疫情时期，医疗、防护物资等的流动也需要供应链的稳定和有序运作，因此学好供应链不仅仅能使企业获取巨额利润，对社会和国家的发展也能起到一定的推动作用。

➜➜**质量志在全面管理——质量管理与可靠性**

质量管理与可靠性源于航空航天等高科技领域，但中国加入世界贸易组织（WTO）后，产品质量成为参与国际市场竞争的核心因素，质量管理与可靠性的需求也逐渐渗透到机械、电子等制造型企业之中。"质量"作为当今企业的一大关键竞争要素，关乎企业的生死存亡。在企业中，与质量方面相关的人员大概分为质量检验人员、质量工程师、内审员、质量管理人员等。他们无一例外地需要掌握质量相关的知识和技能，尤其是质量意识知识，ISO 9000 标准及其质量认证的相关知识，质量检验、质量改进、可靠性的相关知识。

质量管理与可靠性是工业工程的一门核心课程,主要讲述质量管理与质量控制的相关理论、方法。通过这门课程的学习,学生应当能够了解和掌握基本的质量理论知识和质量管理体系的建立、质量检验和质量控制的技术方法等,并且能够使用课程中学到的知识解决企业中基本的质量问题。这门课程集工程技术与管理于一体,有着实践性强、综合能力要求高的特点。当然,只学习这一门课程,还是远远不能达到质量管理人才的标准。因此,除了需要对其相关的课程加强理论知识的学习,还需要在实践过程中深入理解。

　　在各项新技术发展的当下,特别是人工智能技术、大数据等,这些新技术结合制造业产生了许多新思想、新方法和新产品,质量管理的模式和边界也发生了很大变化。在新产品方面,如目前越来越多的网店,其服务质量也应当被纳入质量管理的范畴之中;在新方法方面,机器学习、人工智能等技术更是提高了质量管理的效率。因此,质量管理课程的学习也要和其他课程一样,与时俱进,不断创新。

▶▶实践出真知——工业工程实践教学环节

➡➡打造专属小锤——工程实践探索创新

　　在工业4.0产业升级计划以及"新型工业化"计划的大背景下,社会对于工科人才的需求也发生了新的变化,不仅需要理论知识,还需要有实践能力以及创新能力,传统的培养模式已经不能满足当前国家建设和区域经济发展的需

工业工程的专业训练

要,因此高校开设了一系列的工程实践课程,用以培养知识与技能兼有的复合型人才。而工业工程中的"工业"二字表明了我们与工业息息相关,未来的就业方向也与工程、制造紧密联系,因此我们同样需要培养自己的工程实践能力,并且需要各方面综合学习。

工程实践是一系列课程的总称,其中包括车、铣、刨、磨、3D打印、陶艺、制作自动化小车、操作机械手臂等。车、铣、刨、磨是制造业最传统、最常见的操作,也是提高产品升值空间最大的操作。不管是传统的制造型企业还是已经实现自动化的企业,都是以车、铣、刨、磨为基础的,因此我们首先就需要了解车、铣、刨、磨。在工程实践中,大多从制作一个锤子开始来让我们了解全部流程:将一个铁块车成需要的圆柱形锤柄,再在锤柄上铣、刨出凹槽花纹等,增加防滑功能及美观性,最后将锤子其余部分打磨光滑,得到自己的专属小锤。

在了解学习传统技术的同时,也不能忽视新兴技术,因此3D打印(图15)作为现在研究和发展的重点也被纳入工程实践的课程体系。用专门的软件绘制出自己想要打印的形状后,只需要单击打印,即可得到成品,过程方便、快速。同时,工厂的自动化程度在不断提高,智能化也在不断普及,生产线从传统的手工人力逐渐向机器操作转变,只需要设置好既定的程序,就可以日夜不停地工作,得到的产品也是标准化产品,不存在由于手工水平不同,导致产品质量良莠不齐的情况。机器人手臂作为一种半自动化的机器,在从手工过渡到自动化的进程中起到了很大的作用,因此在工程实践中,我们需要学习如何操作机械手臂来搬运或制作产品。除了上述专业课程外,我们也需要学习陶艺等看似"无关"的课程。学习这些课程可以提高我们的美学意识以及创新意识,使我们充分发挥自我想象,将一团毫无形状的泥团制作成有创意的、有思想的陶艺作品。

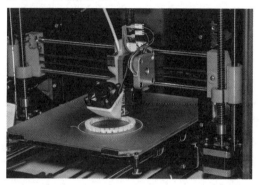

图15　3D打印

➡➡赛场小试牛刀——课程设计竞赛

为了锻炼学生发现问题、解决问题的能力,促进学生将课堂所学习的知识进行思维拓展,学校经常会举办相关的竞赛,并且鼓励学生参加外界组织的相关大型赛事。

竞赛的种类有很多,我们可以将与工业工程相关的竞赛分为三个方向:智能制造、物流与供应链管理以及质量管理。选择智能制造方向的学生可以参加电子设计大赛,了解智能制造在电子方面的具体操作,设计出属于自己的智能电子产品;也可以参加机器人设计大赛,发挥想象,设计出自己的专属智能机器人,与他人交互,更好地了解智能制造的内在含

义;同时电子商务三创赛也为学生们提供了发挥创意的舞台,该项比赛的口号为"创新、创意、创业",学生可以根据周围存在的问题,分析大数据,设计出需要的产品。选择物流与供应链管理方向的学生,可以参加物流与供应链管理设计大赛,针对生鲜产品、应急物资等对于物流有较高要求的产品进行路径规划设计、设施选址等。这不仅能够巩固所学习的知识,也可以给生鲜企业等带来现实的指导性意见;同时,学生可以直接参加由企业组织的相关比赛,例如"顺丰杯"物流设计大赛,依托真实物流场景,致力于让参赛学生通过对"天网、地网、信息网"的认知,感受"智慧物流·科技顺丰"的魅力。学生通过理论知识与实践技能的结合,以创新的视角重新定义物流,通过团队协作提供智慧物流解决方案,如果能获得一定的名次,则不仅有奖金,而且对于未来想去顺丰等相关物流公司就业的同学也提供了简历的亮点。选择质量管理方向的学生可以参加主题创新区举行的相关活动,参加相关创新项目,质量创新区中会有专业的教师进行指导,也有优秀的学长进行交流,还有一定的资金辅助科研任务的进行,相信对于学习质量管理的学生会有很大的益处。

除了上述提到的比赛,还有许多其他比赛是每个学习方向的学生都可以参加的,例如 IE 亮剑大赛、IE 课程设计竞赛、数学建模大赛等。其中,由清华大学举办的 IE 亮剑大赛属于工业工程中影响较大的比赛,它没有特定的题目,从选题开始就锻炼学生们观察生活、发现问题的能力。学生除了要有好的想法外,还要有对应的能力去实现,不管是使用建模还是仿真的方法,对于学生都是很大的挑战,而且在决赛中还需要用 PPT 进行展示,对于学生的口头表达能力、办公软件的使用能力都有很高的要求。不管是否得到名次,在参赛的过程中学生都会锻炼相应的能力。

➡➡职场"第一桶金"——企业生产实习

学校为了提高学生在就业时的竞争力,需要培养在校大学生的实际应用能力,最为有效的方法就是进入企业实习。同时生产实习也是工业工程专业教学计划规定的理论联系实际的实践教学环节之一,可以帮助学生更好地理解工业工程专业在企业中的实际作用,明白如何将所学习的理论知识应用到实际问题当中,因此,高校鼓励并要求学生在校期间进行生产实习。

作为工业工程专业的学生,相关实习企业以及职位的选择很多。传统的制造型企业有很多匹配的岗位,例如产线工程师。产线工程师立足于生产线,确定生产线需要的工人人数、每日的生产计划、工位的分布方式等,力图达到人力成本的最优、产品质量的最优、生产流程的最优以及生产成本的最优。采购专员、供应链管理专员,利用工业工程最优的思想,结合运筹学、博弈论等相关知识,决定最为合理的购买厂家、购买数量、购买价格等。人力资源专员,利用学过的人力资源知识,为企业招聘、培养优秀人才。项目管理相关岗位,负责管理、跟进项目的施工情况以及落地效果,对项目进行风险预防、质量管控,优化完善产品的生产流程以及售后工作,协助跟进客户的后续需求,对接产品打样以及研发工作。

互联网行业也有相应的岗位匹配。例如算法工程师,尽

工业工程的专业训练

管相对于编程专业的同学,我们学习的语言种类较少,深度较浅,但是我们在解决工业工程的优化问题时都需要用到相关的算法知识,因此很多同学完全具备了算法岗位所需要的技能,可以胜任相关工作。产品经理,用精益的思想服务整个产品流程,用大数据方法调查并根据用户需求,确定开发何种产品,选择何种技术、商业模式等,并推动相应产品的开发组织,还要根据产品的生命周期,协调研发、营销、运营等,确定和组织实施相应的产品策略,以及其他一系列相关的产品管理活动。运营相关岗位,负责各类流程优化操作,对于运营数据进行监控分析,提取有用的信息进行整理汇报。

上述只是罗列了一些需求本专业学生较多的岗位,真正可以实习的岗位类型更多,只要我们深刻理解并掌握工业工程的相关知识,学会工业工程的重要思想,那么在任何岗位都可以应用工业工程的相关知识并取得成效。同时,实习的经历也可以为我们的履历锦上添花。我们在实习的过程中还可以发现自己的真正兴趣所在,为未来就业指明方向。

无处不在的工业工程

若得个中意，纵横处处通。

——寒山

通过前文的介绍，我们知道工业工程是人们致力于提高工作效率和生产率，降低生产成本，在实践中产生的一门学科。它通过管理学和工程学的有机结合，从系统层面和优化角度去分析和解决实际问题。如果你仔细观察，就会发现工业工程在人们的工作和生活中无处不在，在学校、工厂、医院、机场、银行、军事机构、农场和餐厅等很多地方，都已经广泛应用工业工程。接下来我们将从制造、能源、物流和交通等不同领域介绍工业工程的应用情况，和读者一起探索工业工程师是如何综合运用数学、应用物理和社会科学知识，结合信息科学、数据科学和人工智能技术，从而完成对各个复杂系统的设计、优化和持续改进工作的。

▶▶制造领域——从传统生产到工业

在19世纪末至20世纪初，工业工程的前身——科学管理诞生之初,其最先应用的领域就是传统的手工生产制造行业,甚至可以说制造行业是孕育工业工程的摇篮。而在其之后100多年的发展历程中,工业工程被广泛地应用于各行各业,并都发挥着不可替代的作用。但不论是蒸汽机诞生的工业1.0时代,还是电力被广泛应用的工业2.0时代,抑或是以信息为主导的工业3.0时代,以及现如今风头正盛的"万物互联"的工业4.0时代,工业工程始终在制造领域发挥着其不可取代的作用。

➡➡世界上第一条流水线的诞生

　　流水线,又称为生产线、装配线,是一种工业上的生产概念,最主要的精神在于"让某一个生产单位只专注处理某一个片段的工作",而非传统的让一个生产单位从上游到下游完整完成一个产品。(图16)

图16　某工厂流水线

1769 年，英国人瓦特改良蒸汽机后，一系列先进技术革命引起了从传统的手工劳动向动力机器生产转变的重大飞跃。然而，早期工厂的生产方式普遍基于旧式的作坊生产，生产率非常低。流水线则改变了这一点，它的发明和推广使得大规模制造成为可能，使得汽车等商品的价格大大降低，从奢侈品变成大多数家庭都能买得起的一般消费品。直至今天，流水线依然是制造企业批量生产中不可或缺的一环，源源不断地为现代制造业输送能量。那么，世界上第一条流水线究竟是在怎样的背景下诞生的呢？

　　1885 年，德国人卡尔·本茨设计和发明了由单缸内燃机驱动的三轮汽车，宣布全球第一辆汽车面世。次年，他制造出第一辆四轮汽车，并正式在欧洲销售。卡尔·本茨是奔驰汽车的创始人，"奔驰"的英文 Benz 即源自他的姓氏。汽车的发明引起了人类交通运输方式的革新。但是当时的汽车和社会上普通阶层的人们并无太大关系，因为汽车的生产采用纯手工打造方式，产量很小，造价昂贵。当时，一辆汽车的售价相当于普通人好几年的收入，高昂的价格让人们望而却步，汽车成了社会地位的象征，是贵族和有钱人出行的奢侈品。

　　1903 年，美国人亨利·福特成立了福特汽车公司，他醉心于研发新产品。1908 年，福特汽车公司生产出了福特 T型车，该车型所拥有的独立性和合理的价格得到了人们的认可。但是，当时福特汽车的装配过程完全是手工作坊式的，会装配的师傅更是稀缺资源，普通工人仅仅负责寻找零件，协助完成装配，生产率非常低。福特公司每装配一辆汽车需

无处不在的工业工程

要 728 工时,这个速度难以满足火热的市场需求。福特作为公司的负责人,为了避免打击群众对于 T 型车高涨的热情,开始思考如何解决之前从未遇到的棘手问题。这个时候,福特公司一名普通工程师在一次参观后产生的灵感,引起了福特的注意。

一天,福特汽车公司一个名叫威廉·克兰的工程师参观了一家位于芝加哥的屠宰场,看到了一条"拆卸线":每头牛在传送带上移动时便被屠宰和分解,每个屠夫在不移动的情况下重复进行同一部位的切片和分解工作,在传送带末端时一头牛便已被分解成一块块不同部位的牛肉:臀腰、眼肉、上脑、颈肉……这一超高效率的分解过程引起了威廉·克兰的极大兴趣。他向上司皮特·马丁分享了这次经历,并提出了将类似过程应用于汽车生产中的想法。皮特·马丁在与福特分享这次经历后,福特很受启发。屠宰场是先把一个整体分解成各个不同的部分,然后每个工人负责其中自己的部分。福特则考虑反其道而行之,从零件到部件再到成品,逐步从小变大,就像许多支流最终汇聚成一条大河一样,各个部件装配的支流汇合起来,到最后进入总装配线,汽车整车就像流水一样,源源不断地涌下生产线,流出车间,走向市场,交到消费者手中。这也是"流水线"思想的雏形,福特基于这一思想开始推动公司进行反复试验,并最终形成了世界上第一条现代意义上的流水线。

1913 年 4 月,福特公司在底特律的一座四层楼新厂房里,开始试验第一条正式的流水线,用来装配汽车的飞轮磁电动机:首先分工生产电动机的各种零件,再将所有零件放置在匀速移动的传送带上,传送带边的装配工人将各自负责的零件组装到电动机上,最终完成装配。按照传统方式,一台电动机的装配需要 20 分,流水线把装配工作分解成 29 道工序,所需时间减少到 13 分 10 秒。接下来,福特公司的工业工程师持续改进这一条流水线,进一步提高了生产和装配效率。譬如,他们将流水线的高度提高了 18 厘米,让工人避免了弯腰的动作,使得装配时间减少了 7 分;在保证每个人对自己负责的工作更加熟练后,提高了传送带的移动速度,将时间减少到 5 分。流水线的成功让福特充满了信心,于是他把流水线应用到了汽车所有部件的生产和装配上。最终,世界上第一条汽车生产流水线在 1913 年 10 月正式问世,并于 1913 年 12 月正式开始运行。(图 17)

(a)飞轮磁电动机流水线　　　(b)进行流水线优化试验

(c)正式投入使用的汽车装配流水线 1　(d)正式投入使用的汽车装配流水线 2

图 17　福特汽车公司流水线

　　那么，流水线究竟是怎样提高装配效率的呢？举个例子：汽车的装配过程涉及安装发动机、安装引擎盖和安装车轮，假设各个步骤分别需要 20 分、5 分和 10 分，在同一时间段内只能进行其中一个步骤，在传统生产中，一次只能组装一辆汽车，需要耗时 35 分。而在装配线上，汽车的装配可在几个工位之间进行，所有工位同时工作。当一辆车经过一个工位后，会被立即传递到下一个。安装发动机、引擎盖和车轮的三个工作站可以同时操作三辆汽车，每辆汽车都处于不同的组装阶段：完成第一辆车的工作后，发动机安装人员可以开始第二辆车的工作；当发动机安装人员在第二辆车上工作时，第一辆车移动到引擎盖站，然后到车轮站；在第二辆汽车上安装好发动机后，第二辆汽车移至引擎盖站；与此同时，第三辆车向发动机站移动。假设将汽车从一个站点移动到另一个站点时不会损失时间，装配线上耗时最长的工位决定了流水线的效率，因此每 20 分可以完成一辆车的装配。另外，使用流水线生产后，各个工位的工人只需掌握该工位要求的技能，经过相对简单的培训后即可熟悉业务，并具有很好的生产速度。（图 18）

　　流水线的使用帮助福特公司占领了大量的汽车市场，到了 1921 年，T 型车的产量已占到世界汽车总产量的 56.6%。与此同时，流水线也大大降低了汽车的生产成本。要知道，其他公司装配出一辆汽车需要超过 700 小时，而福特仅仅需要 12.5 小时，需要雇用的工人数量也少了许多。随着生产成本的降低，福特汽车的市场价格不断下降：1910 年降为 780 美元，仅相当于美国一名中学教师一年的收入；1911 年

(a)汽车装配传统方式　　　　　(b)汽车装配流水线方式

图18　汽车装配方式:传统 vs 流水线

继续下降到 690 美元;1914 年降到 360 美元;最终降到
260 美元。流水线的成功不仅使得 T 型车在 20 年的时间里
生产量达 1 500 万辆,让汽车这一曾经的"富人专利"走入了
寻常百姓家,它的巨大成功在汽车行业内掀起了一场"流水
线风暴",更是将这种全新的生产方式推广到了各行各业,一
直延续至今。

　　实际上,流水线生产的使用可以追溯到更早时期。例
如,16 世纪初期意大利威尼斯有工厂使用装配线快速造船,
1801 年英国有零件供应商使用该方式生产英国皇家海军所
需的零部件,甚至有部分学者指出装配线生产最先可能出现
在秦始皇大量制造兵马俑时期。在美国,第一个使用装配线
进行生产作业的也并非福特公司,而是 Oldsmobile 汽车创
办人兰塞姆·奥兹,他还将装配线生产的方法申请了专利。

但是福特汽车公司是第一个真正将流水线生产这一概念转化成实际应用并获得了极大成功的企业，这一生产方式得到了广泛推广。也正是福特众多工业工程师精益求精、追求卓越、锲而不舍的精神，开创了现代工业生产的新时代。

➡➡**丰田靠什么打败了北美汽车业三巨头？**

1918 年，丰田佐吉创办了丰田纺织公司。1933 年，丰田成立了汽车生产部门，由丰田佐吉之子丰田喜一郎领导。随着汽车业务的迅速发展，公司将汽车事业部拆分出来，于1937 年成立丰田汽车株式会社。如今，丰田经过一个多世纪的发展已然成为世界顶尖的汽车制造商，其间无论国内外市场环境如何变迁，丰田始终能够采取顺应时代的措施灵活应对。另一个可能出乎大多数人意料的事实是，丰田最大的销售市场在雄踞多家知名车企（包括北美汽车业三巨头福特、通用和菲亚特-克莱斯勒）的北美洲，销量常年位居北美洲汽车销售市场前列。丰田是如何在竞争激烈如潮的北美洲市场占据一席之地甚至位列前茅的呢？工业工程在其中又发挥着怎样的作用呢？让我们来一探究竟。

在丰田成立之初，全球的汽车市场被美国的通用和福特两家汽车公司牢牢占据。作为举世闻名的大企业，这两家公司无论是生产技术还是运营管理水平，都让世界上其他汽车生产厂家望尘莫及。与美国和欧洲相比，日本的汽车工业起步较晚，既没有美国的市场规模，也不如欧洲具有悠久的汽车发展史和坚实的技术基础。丰田能够成为世界级汽车制造商，两大制胜法宝是丰田生产方式（Toyota Production

System，TPS）和丰田质量控制（Toyota Quality Control，TQC），在这两个方面丰田把工业工程原理运用到了极致。一方面，在 TPS 和 TQC 的共同作用下，极大地控制了生产过程中的浪费，从而降低了汽车生产成本；另一方面，更高的性价比和更稳定的质量是丰田在消费者心中占据一席之地的关键。

　　丰田生产方式的基本思想是杜绝浪费，其本质是工业工程与日本丰田文化和管理模式相结合的产物，其目的在于降低成本，提高生产率。丰田认为，工厂的生产能力分为工作和无效劳动（浪费）两个部分，只有使无效劳动成为零，才能真正提高生产率，达到"精益生产"。那么，丰田是在什么背景下提出了这种独特的生产方式呢？1950 年，丰田公司的丰田英二与大野耐一前往美国考察，希望学习其先进的生产与管理经验。当时整个北美的汽车市场主要被北美汽车业三巨头所占据，最流行的汽车生产方式是上文提到的汽车流水线生产方法。在他们考察的位于美国底特律的福特公司轿车厂，每天能生产 7 000 辆轿车，比丰田公司一年的产量还要多。然而，考察结束后，丰田英二在考察报告中写道："那里的生产体制还有改进的可能。"他与大野耐一一致认为，日本不能单纯地复制这种生产方式，主要原因有两点：第一，当时丰田汽车主要面向日本国内，其市场狭小且需求多样，相应地要求工业生产向多品种、小批量的方向发展，流水线的批量生产不适合市场要求；第二，战后的日本在资金与资源方面与美国相比极为短缺，汽车产业所需要的零部件供给不够充足。他们经过细致讨论后，决定改进流水线生产使

其能够适用于丰田，走自己的生产模式创新之路。（图 19）

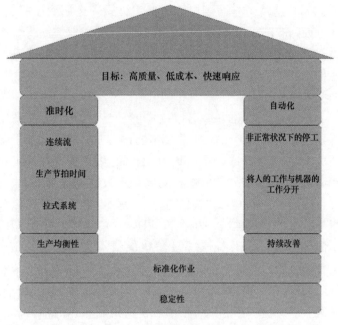

图 19　丰田生产方式

准时化和自动化是贯穿丰田生产方式、实现精益生产的两大支柱。准时化旨在通过加强不同工序之间的协作，让所需要的零部件在需要的时候，以需要的数量，及时、准确地送到生产线。作为 TPS 的另一个支柱，自动化旨在改进各道工序的生产率。随着机器的自动化程度和生产率的不断提高，一旦机器发生异常又没有得到及时的处理，不合格产品在很短的时间内就会堆积如山。为此，丰田在所有生产设备上都安装了自动停止装置，一旦发生异常情况，机器首先会自动停止,避免浪费,随后作业人员在第一时间前去检修,尽快恢复正常生产。

实现零库存以最大化降低成本的另一大阻碍来自供应链运营管理。经济学有个名词叫"牛鞭效应",指的是信息流从最终客户端向原始供应商端传递时,无法有效地实现信息的共享,使得信息被扭曲而逐级放大,导致需求信息出现越来越大的波动。这一信息被扭曲的放大作用在图形上很像一根甩起的牛鞭,因此被形象地称为"牛鞭效应"。精益供应链作为丰田生产方式在供应链上的延伸,则成了"牛鞭效应"的克星。精益供应链的基本理念是"独乐乐不如众乐乐"。丰田将其上游供应商视为自己的事业伙伴,采取一系列举措,如分享关键零部件制造技术,与供应商友好协商采购价格实现双赢,采用看板与各方实时共享生产过程中所需要的原材料信息等,使双方成为命运共同体,互利共生。

丰田的另一个取胜秘诀是它对质量控制的全面推广。在汽车行业流水线生产过程中,倾向于把出现的问题看成随机事件,应对思路是单纯地修复。丰田则提出"五个为什么"制度,即五问法。每个工人在生产过程中遇到差错和问题时要多问几个为什么,最后找出解决方法,杜绝类似问题的再次发生。可以想象,在丰田开始实施五问法时,其生产线可能会不断停止,车间一片混乱,工人们也十分沮丧。但是在实施一段时间后,质量改善效果立竿见影。工人处理问题经验日益丰富,差错发生数量显著减少,出厂汽车的质量稳步上升,返修工作量不断减少。

➡➡特斯拉超级工厂的"数智化"生产

对物理感兴趣的读者一定知道尼古拉·特斯拉这位伟大的物理学家,他因设计现代交流电供电系统而最为人知,被认为是电力商业化的重要推动者。2003 年,来自硅谷的工程师马丁·艾伯哈德与其长期商业伙伴马克·塔彭宁合伙成立了一家汽车公司,为了纪念尼古拉·特斯拉,他们将公司命名为"特斯拉汽车",公司创立的理念是将跑车和新能源结合。2008 年,埃隆·马斯克担任 CEO,特斯拉汽车开始致力于为每一个普通消费者提供其消费能力范围内的纯电动车辆,进而推动全球向绿色可持续能源消耗的转变。近年来,新能源汽车销量快速增长,2021 年全球累计销量近 650 万辆,较前一年增长 108%,而特斯拉销量则高居榜首,超越丰田成为全球市值最高的车企。(图 20)

图 20　特斯拉上海超级工厂(图片来源：Tesla)

从福特流水线到丰田精益生产,汽车的生产模式在不断革新、改进,而特斯拉也正在引领生产制造走向数字化和智能化。特斯拉在全球拥有六个超级工厂,分别位于美国的加利福尼亚州、得克萨斯州、内华达州和纽约，以及中国上海和德国柏林。特斯拉依靠这六个工厂的数字化和智能化生产，满足了全球激增的电动汽车需求。在特斯拉超级工厂里，主导流水线的是其自主研发的生产制造控制系统（MOS），它具备人机交互、智能识别及追溯功能，深度用于多个车间的生产过程。特斯拉还让工业网络覆盖生产线的各个角落，能够为实现设备自动化、设备连接、信息数据采集、人机交互和智能化决策提供完善的网络服务。这样，特斯拉工厂可以实时监测和回溯每个零部件、每台车大量的生产和质量数据，通过数据分析和统计，为汽车生产、装配和质量控制提供各类智能化决策，堪称生产制造"数智化"的典范。（图21）

图21　特斯拉超级工厂"数智化"生产线(图片来源：Tesla)

与福特流水线和丰田精益生产不同，特斯拉采取在效率上更胜一筹的模块化生产模式，使特斯拉超级工厂的"数智化"更为彻底。模块化就是将驱动系统、电控系统、电池和车身等汽车各部分，如搭积木一样以模块的形式自由组合，从

无处不在的工业工程

而可以在一个超级工厂的同一个平台上完成不同车型的设计与生产。模块化生产使得企业愿意投资先进的智能制造设备和大量创新技术，因为这些投入最终可以均摊到各类车型的所有汽车的生产上。模块化生产也有利于缩短汽车的生产研发周期，采用标准化的零部件，在出现质量问题后可以更为快速地排查原因，降低维修成本。（图22）

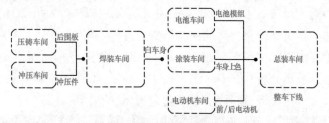

图22　特斯拉汽车生产流程

　　特斯拉在数字化和智能化方面带来的颠覆性创新为我国新能源汽车企业带来了极大的示范作用和竞争效应，促使企业进一步加快产品升级迭代的步伐。值得一提的是，特斯拉上海超级工厂实现了超九成零部件的国产化，带动了我国整体产业链的迅速发展。我国新能源汽车产业将逐渐向"数智化"方向升级，在此过程中工业工程将必然继续发挥巨大的作用。

▶▶能源领域——智慧能源引发能源革命

➡➡电力系统的"中枢神经系统"

　　电是人类文明的火花。在我们的生活中，大到每日风驰电掣的地铁，小至寸步不离的手机，都离不开电能。我国拥有七个跨省大电力系统,系统调度分大区调度、省级调度和地区调度三级,形成了既有分工负责又有统一协调的管理体制。各级的调度中心,可以说是对应电力系统的"中枢神经系统",既要监视和分析系统运行状况,也要编制系统的负荷预测和调度方案。工业工程的应用,在保障电力系统安全经济运行上起到了至关重要的作用,是维系电力系统"中枢神经系统"稳态的关键。

电力系统调度在本质上是维持电力系统网络中各节点的电力平衡,即发电量＋输入电量＝用电量＋输出电量,其中发电量以及输入、输出电量均来自调度中心人为制订的方案,唯独用电量是未知的不可控因素。因此,在制订电力系统调度方案之前,首先需要对电力需求进行预测,而调度方案的合理性则十分依赖预测的准确度。若预测值远高于实际值,则调度时会因开启过多发电机组而造成能源浪费;反之,若预测值远低于实际值,则很可能导致供不应求,造成大面积断电。一方面,电力需求具有很大的随机性和波动性,调度中心不可能知道各家各户何时使用电饭煲煮饭、何时看电视、何时开空调,也无法知道每个工厂何时开工、何时停机,同样不知道每个用电设备的功率大小,因此也就不可能精确地预测电力需求的实时负荷。另一方面,虽然用电负荷未知,但是存在着一定的规律性,包括趋势性、季节性和周期性。调度中心会使用工业工程理论知识,构建合适的预测模型,如时间序列预测模型、灰色预测模型,以及神经网络与随机森林等机器学习预测模型,借助这些模型捕获并正确刻画潜在的规律,从而得到足够准确的预测结果。(图23)

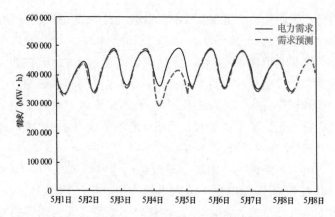

图 23　某地 2022 年 5 月 1 日至 9 日实时电力需求及其预测值

　　调度中心在得到电力需求预测值后,就要开始制订具体的调度方案,主要是确定电力系统中各发电机组的开关状态和发电量,以及每条输电线的输送电量,时间精确到小时或分。如何制订最佳调度方案,在保障电力系统网络中电力平衡的前提下以最小的运营成本满足电力需求,属于工业工程领域的网络最优化问题。基于运筹学图论理论和知识,可以将该问题构建成数学优化模型。工业工程方向的学者和工程师也设计了许多智能算法,如遗传算法、大领域搜索算法、分支定界法等,以实现模型的求解,从而得到最优的调度方案。

➡➡"靠天吃饭"的可再生能源发电如何并网?

　　你是否曾经在广袤的平原、起伏的山丘或者宽阔的海边发现一只只大号白色"风车"随风转动?这些独特靓丽的风景线,其实是在不断地将风能转化为电能,然后输送到电力系统,用于我们的日常生活。风能属于一种可再生能源,它来自自然界,可以不断再生、永续利用。相对于煤、石油和天然气等化石燃料,使用风力发电最大的优势是不会释放有害物质,不会造成环境污染。随着科技的发展,除风能之外,人类还可以利用很多种可再生能源进行发电,如太阳能、水力、潮汐、生物质能和地热能等。(图24)

(a)内蒙古乌兰察布市风力发电场　(b)青海省海南州2.2 GW 光伏系统

图24　风能利用

地球是人类赖以生存的家园,珍爱和呵护地球是人类的唯一选择。绿色可持续发展也正是我国能源体系建设的未来方向,我们既要金山银山,也要青山绿水。截至2021年底,我国可再生能源发电装机达 10.63 亿千瓦,占总发电装机容量的44.8%。其中,水电装机为3.91亿千瓦,风电装机为3.28亿千瓦,光伏发电装机为3.06亿千瓦、生物质发电装机 3 798 万千瓦,分别占全国总发电装机容量的16.5%、13.8%、12.9%和1.6%。

可再生能源发电并网到电力系统面临极大的挑战,这主要归因于可再生能源发电存在极大的不确定性。光照强度直接决定光伏系统发电量,风速大小也直接影响风力发电场

的发电能力,使用可再生能源发电可谓真正地"靠天吃饭"。另外,由于受到地域限制,我国新能源的装机量极度不平衡,以风能、光能为主的大型新能源地面电站主要集中在甘肃、宁夏、新疆等地,而这些地方的电力需求远低于我国经济发达地区,在缺少完善的输电系统的情况下,会出现各类弃光、弃风、弃水等现象,造成极大的浪费。

不难看出,解决可再生能源并网的关键是处理好可再生能源发电的随机不确定性问题,而这正是工业工程擅长的领域。首先,工业工程师可以构建正确的模型,做好可再生能源发电的预测。虽然可再生能源受天气影响较大,但是其发电情况仍然遵循着一定的规律。例如,午间的日照强度最强,凌晨和傍晚则最弱,而风速则会服从特定的概率分布(如韦伯分布)。因此,和电力需求一样,我们可以设计出能够正确刻画潜在规律的预测模型,为可再生能源发电并网提供基础。然后,电力系统调度中心可以在前面提到的网络最优化的基础上,使用工业工程中随机规划、鲁棒优化以及动态规划等知识,在调度优化过程中将可再生能源发电的不确定性考虑进去,制订更加安全可靠的调度方案。(图 25)

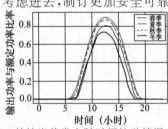
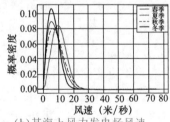

(a)某地光伏发电随时间波动情况　(b)某海上风力发电场风速
服从韦伯分布

图 25 "靠天吃饭"的可再生能源发电

工业工程还能帮助制订科学合理的电力系统扩容规划方案。电力系统的发电机组需要不断更新换代,偏远的可再生能源发电需要通过架设更多特高压输电线路输送到用电区域,也需要投入大量的储能设备在需求低时储电、需求高时放电,以帮助电网更好地融合可再生能源发电。这些电力设备在何时、何地、扩建多少是一个非常复杂的决策问题,而工业工程提供了系统的理论和方法帮助实现决策过程,让我国能源体系建设能够科学、有序地进行。

➡➡我国电网智能化之路

　　智能电网是对电力系统一次全面的技术革新,它是建立在新能源、新材料、新设备、先进传感技术、信息技术、控制技术、储能技术等基础上的,能够对电力系统进行实时、高效和精确的监控,实现电网的可靠、安全、经济和高效运行。2008年,我国开始实施电网智能化建设。截至2020年,我国智能电网发展的引领提升阶段已经基本完成,技术和装备也达到国际先进水平,下一步是更大程度转向新能源方向,并进一步提高智能化水平。那么,工业工程在我国电网智能化发展的道路上扮演了怎样的角色呢?

　　智能电网中智能设备的质量监测与控制涉及工业工程领域知识的应用。智能电网把电力系统中的电力设备联网,在线监测设备运行参数,统一采集全网运维数据,并实现实时信息全面共享。借助工业工程中的质量与可靠性理论方法,能够利用这些数据,实时分析设备运行状态,也可以制定科学合理的运营和维修策略,以支撑电网安全稳定运行。智

能电网的有序运行也离不开工业工程中预测、规划和调度模型与方法的支持。预测可通过构建正确的模型，实现对可再生能源发电和终端用户电力需求等不确定性因素的推断；规划需要工业工程师综合考虑电网当前状态和未来发展期望，使用工业工程运筹学方法解出合理的扩容方案；调度则使用网络最优化方法制定最佳变电、配电和输电决策。（图 26）

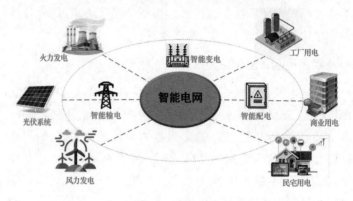

图 26　智能电网

▶▶物流领域——从"人到货"到"货到人"的转变

物流是指货运、货物流通、传输送货，是物质资料从供给者到需求者的物理运动。随着科技的发展，物流的方式发生了翻天覆地的变化。我国古代有"一骑红尘妃子笑，无人知是荔枝来"的典故，在当时的技术条件下从岭南至长安需要花费 10 天左右的时间，其间借助驿站、望台、快马、公人等众多人力、物力，才能将荔枝送给贵妃享用。时至今日，在现代物流系统的支撑下,快递能够以最快的速度将人们购买的货物送达,仓库里的机器人小车能够自动把货架上的商品运至拣选人员面前。工业工程在现代物流业中起着举足轻重的作用,工业工程技术的发展也是推动我国建设物流强国的关键。

➡➡快递是如何被送到你手上的?

我国有一种民间风俗叫"赶集",指人们定期聚集进行商品交易活动。一到赶集的日子,人们往往要走很远的路赶到集市,从商贩那里买到需要的物品。随着经济的发展,人们早已能够在楼下的便利店或离家不远的商场轻松购得日常生活中绝大部分需要的物品。时至今日,电商平台的兴起则让购物变得更加方便。在网络上简单进行几步操作,大到电视、冰箱,小到牙膏、肥皂,很快就能递送至人们的手上,真正实现了从"人到货"到"货到人"的转变。网络购物实现极速的送货服务,靠的是时刻高效运行的物流系统,而工业工程的应用则贯穿始终。

当商家发货的地点离购买者较远时,货物通常不是点到点直接送到我们手上,而是经过若干配送中心,多次更换运输工具才能最终送达。因此,物流设施选址这一物流管理战略问题就成了决定物流效率的关键。供应商仓库、配送中心、零售商网点等各类设施建设多少,分别布点在哪里,这是工业工程领域一种典型的混合整数规划问题。基于供应商供货能力、城市之间运输距离和运输成本、客户端需求信息等数据,使用工业工程知识可以构建物流设施选址优化模

型,然后使用分支定界与割平面法等混合整数规划算法解出最佳选址方案。在建成的物流系统中,每次的货物配送方案的制订又涉及工业工程中的物流配送优化,从供应商的哪个仓库发货,发货后经过哪些配送中心,最后送至哪里,这种工业工程领域传统的优化问题,也可以使用混合整数规划方法求解。(图 27)

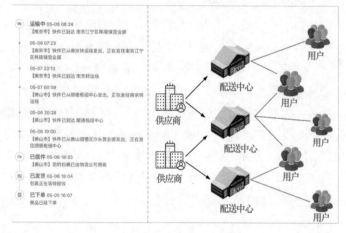

图 27 支撑快递服务的物流网络配送系统

对于每个配送中心来说,每天要处理大量从上游运输过来的快递,分拣整理后又要快速发往下游配送中心或用户,这一过程本质上是工业工程领域一个非常重要的问题,叫作车辆路径规划问题(Vehicle Routing Problem,VRP)。配送中心待配送的包裹分布在不同地方,我们需要确定从中心派几辆车去完成派送任务,具体决策包括:怎么派活,即每个地点的配送任务指派给哪辆车;每辆车要怎么走,经过各个配送地点的顺序是什么。VRP 有很多变种，分别应用于不同的配送场景。CVRP 是在车辆路径规划时考虑车辆有限重；VRPTW 是配送目的地有时间约束，包裹必须在规定的时间段内送达；VRPPD 的车辆从配送中心出发后，在途中不仅要派送包裹，还要揽收货物。此类问题当规模较大时求解难度极大，在实际应用中往往采用近似算法，如变领域搜索算法、遗传算法、模拟退火算法等，也有一些比较前沿的研究探索如何把优化算法与深度学习相结合，从而设计出更加高效的算法。

➡➡无人仓中穿梭的机器人

传统的配送中心仓储系统需要大量的人力去完成存储、分拣、出库、装车等一系列工作，工人劳动强度大，运行效率不高。随着技术的发展和人力成本的上升，无人仓成为自动化仓储物流系统的发展方向和目标。京东集团截至 2020 年已建成不同层级无人仓 100 多个，极大提高了京东物流的效率和自动化水平。目前无人仓虽然还未成为真正意义上"没有人的仓库"，但是仓库中穿梭的搬运机器人已经取代人力完成了大部分的工作，人则变成了配角。

无人仓运用智能传感、智能感知、智能识别、人工智能、物联网等前沿技术，保障仓库的有序运行。商品进入仓库后自动分类，由传送带和搬运机器人存放到指定的货架实现入库；仓库收到订单后，将取货任务派送给搬运机器人，机器人从货架上取货，然后运送到传送带由工人进行分拣打包；最后，拣选好的包裹通过传送带送至运输

车。工业工程就是无人仓里指挥着这一系列自动化物流过程的"大脑"。(图 28)

图 28　配备搬运机器人的京东无人仓(图片来源:京东)

仓库的布局规划是建设仓库之前最先要做的决策:需要多少货架,货架尺寸是多少,放置在什么位置;配备多少搬运机器人,选取什么型号;在哪里放置传送带,传送带尺寸是多少。这些都直接决定了无人仓的运行效率。在布局设计过程中,使用工业工程中的排队论方法能够有效地评估各种布局的物流效率,为确定布局方案提供决策依据。配送中心首先对客户订单做出分析和预测,并测算搬运机器人完成各个阶段任务的时间,在此基础上根据应用场景构建开放式、封闭式或半开放式排队网络模型,然后利用利特尔法则、到达定理等排队论方法,实现对相应布局方案的评估。客户订单平均等待时间,即从收到订单到订单上所有货物全部出库所花费的时长,是通常用于评估布局方案优劣的指标。

在实际运营阶段,配送中心会收到源源不断的客户订单,需要不停地出库、入库、存货和取货,工业工程的应用维持着整个仓储物流系统的有序运行。每隔一段时间(例如10分或1小时),配送中心会获取截至当前最新的订单和库存数据,以及搬运机器人的位置和状态,然后为每个机器人指派新的任务。这一决策过程异常复杂,除了以上数据之外,还需要充分考虑货物在货架上的位置、搬运机器人的碰撞和拥堵问题、拣选工人的位置以及机器人的载重等,这些就需要工业工程师设计出高效的智能算法。近年来,不少大型电商企业和科技公司常会发布一些此类算法设计的竞赛,并设有非常丰厚的奖金,激励人们精益求精、不断创新,推动物流行业数字化和智能化发展。

▶▶交通出行——精准高效的交通指挥棒

互联网、云计算、大数据和物联网等先进技术和理念,也推动着交通领域向智能化方向发展,让人们的交通出行发生了翻天覆地的变化。绿皮火车变成了高铁,出租车队伍增添了网约车,日益增多的机场也使得航空出行变得方便。在充满现代科技的智慧交通系统里,工业工程发挥着交通指挥棒的作用,指挥着庞大且复杂的系统精准、高效地运行。

➡➡陆地出行：智慧调度网约车，让天下没有难打的车

在网约车出现之前，当人们来到一个陌生的城市，有时会站在路边茫然四顾打不到车，而好不容易上了出租车，还可能遭遇司机恶意绕路。网约车的出现彻底改变了人们的出行方式，当你走到乘车地点，打开手机打车软件输入目的地后，网约车能够在极短的时间内过来接你。这一过程看似简单，其背后却有复杂的智慧调度系统在默默不停地工作着。

网约车平台单日峰值订单可能会高达几千万单，每日能够获取并处理海量的数据，覆盖交通路况、用户叫车信息、驾驶员驾驶行为、车辆数据等多个维度。基于这些数据，网约车平台可根据机器学习和人工智能模型，对未来供需进行预测。例如，滴滴平台对 15 分后供需预测的准确度就能够达到 85% 以上，基于这样的预测准确率，平台就可以实时调度驾驶员，从需求低、车辆多的地点调度到需求高、车辆少的地点，以满足未来的打车需求，有效降低未来该区域供需不平衡的概率。

网约车平台给乘客分配车辆时并不是一个简单的搜索过程，而是一个动态的过程：车辆在运动当中，平台要在众多不停运动的车辆中，给乘客提供一个最优的选择，实现平台效率和用户体验最大化。网约车平台的智慧调度系统通过智能派单来实现这一过程，首先对订单量和各地驾驶员数量进行预测，供需预测、动态调价、路径规划算法一起发挥作用，然后通过大规模分布式计算来实现上述的最优撮合。为乘客指派服务车辆后,平台通过海量历史数据,对未来路况做出预测,实现乘车点到目的地的路径规划。同时,平台为驾驶员和乘客都提供了实时定位和地图导航服务,在保障人身安全的同时,也从根本上避免了故意绕路的现象。

→→**航空出行:航班为何相见时难别亦难,如何解决?**

民航运输是我国交通运输系统的有机组成部分,在国际交往和国内长距离客运中起着非常重要的作用。根据《新时代民航强国建设行动纲要》,到 21 世纪中叶,我国人均航空出行次数每年将超过 1 次,民航旅客周转量在综合交通中的比重将大幅提升。2019 年全行业完成旅客运输量为65 993.42 万人次,比上年增长 7.9%。2020 年受新冠肺炎疫情影响,旅客出行人次锐减,但由于我国新冠肺炎疫情防控措施得力有效,民航行业在第四季度逐步回暖,全年旅客运输量仍有 4.2 亿人次。2021 年达 4.4 亿人次。

航空公司在运营调度过程中不可避免地会遭遇一些干扰事件,如恶劣天气、飞机故障、疫情管控、空域流量管制,导致飞行方案无法按照原计划执行,产生不正常航班。若不能快速、有效地应对,干扰事件的影响可能会波及整个运营网络,导致大面积航班延误甚至取消。航空公司在干扰事件下的运营管理属于工业工程领域的不正常航班恢复问题,具有时效性要求和大规模性特点,是极具挑战性的决策问题。时效性要求是指在发生干扰事件后,航空公司需要做出快速响应,在短短几分钟内给出新的运营计划。例如,当飞机发生机械故障时,其执飞的后续航班应当如何安排才能将该干扰

无处不在的工业工程

事件对乘客和公司造成的损失降到最低。大规模性体现在这一决策过程涉及大量航班、飞机、机组人员、机场以及各种安全规定，需要考虑的因素非常多。

在实际应用中，不正常航班恢复问题往往被拆分为一系列子问题，包括飞机路径恢复、机组恢复以及旅客行程恢复问题，并按特定顺序依次求解。飞机路径恢复问题旨在以最小的成本为每架受影响的飞机重新安排新的航班计划。机组恢复问题是在飞机路径恢复方案确定后，为调整后的航班重新指派机组人员。旅客行程恢复问题是基于调整后的飞机路径恢复方案，为行程受影响的旅客安排新的行程，尽量降低因不正常运营对旅客体验所造成的负面影响。越来越多的科学研究尝试探索将飞机、机组以及旅客中两个或以上资源整合在一起统筹优化的可能，通过求解一体化恢复获得更优的恢复方案。这些问题的求解主要通过工业工程领域网络流模型构建，以及列生成法、行与列生成法、遗传算法和模拟退火算法等优化求解算法的设计与使用。

不正常航班恢复问题不乏成功的应用案例。例如，厦门机场临近海边，常受台风影响导致大量航班延误或取消。近年来，厦门航空大力发展提升智能化管理水平，联合高校学者开发的航空公司大规模不正常航班智能恢复系统一经使用，就极大程度地缓解了令其"头痛"已久的航班延误，该成果也因此获得了2021年度"中国航空学会科学技术奖"二等奖。除了在运营阶段，工业工程也广泛应用于航空公司计划制订阶段，例如，基于收益管理为机票定价，基于混合整数规划为各个航班分配合适的机型，基于约束规划制订飞机飞行任务和维护计划,以及基于非线性规划确定飞机飞行轨迹等。(图29,图中英文字母和数字分别表示机场代码和航班号)

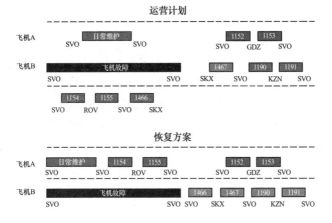

图29 飞机路径恢复前、后方案对比

助力中国"智"造的工业工程

天有时,地有气,材有美,工有巧,合此四者,然后可以为良。

——《周礼·考工记》

▶▶工业从"制"到"智"的转变

从 18 世纪 60 年代第一次工业革命的蒸汽时代,到 19 世纪后期第二次工业革命的电气时代,再到 20 世纪 70 年代第三次工业革命的互联网时代,无一不体现着工业发展对世界产生了深刻的影响。无论是发达国家还是发展中国家,都已取得这样的共识:工业发展对国家的繁荣富强以及国防安全都至关重要。

在各类信息技术高速发展的今天,基于这一共识,各国纷纷制定了适应本国国情的信息化和工业化深度融合的发展战略,如德国的"工业 4.0"、中国的"新型工业化"以及美国的"工业互联网"等,虽然它们在发展基础、战略任务等方面存在差异,但是殊途同归,各国的发展计划均致力于信息技术与工业紧密结合,以此来带动新一轮工业发展。由此,人类世界进入了第四次工业革命——工业信息融合时代。在新的工业革命背景下,信息技术与工业的深度融合对工业生产方式提出了转变要求:从传统工业的"制造"转向赋予工业以"智慧大脑"的"智造"。(图30)

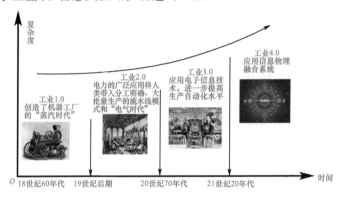

图30 四次工业革命的发展史

➡➡转变背景——"工业4.0"与"新型工业化"

2014年李克强在访问德国时,向德国总理默克尔赠送了一个"神秘礼物":一把由3名中国学生用德国机床制作的"鲁班锁"。鲁班被公认为中国工匠鼻祖,而"德国制造"则是现代制造业的标杆。因此,针对这一举动,有人这样解读"鲁班锁"的深意:1 000多年的故事和100多年的故事这样相遇,全球最大制造国与最精良制造国之间的合作令人期待。

在当今第四次工业革命的背景下,当人们提及"新型工业化"时,往往会与德国的"工业4.0"做比较。2012年

10月，德国产业经济研究联盟及其"工业4.0"工作小组提交了《确保德国未来的工业基础地位——未来计划"工业4.0"实施建议》，自此，"工业4.0"正式问世，并很快成为各个国家的热门词。而相对于德国的"工业4.0"，我国针对国家制造业大而不强、自主创新能力弱等现状，提出了第四次工业革命背景下适应我国国情的发展战略"新型工业化"，虽然两者名称不同，但本质却一样，均强调工业化与信息化相融合，突出智能化生产。

下面简单地以"工业4.0"为例进行介绍。"工业4.0"是指通过实现生产与互联网虚拟生产相结合的方式，使制造业实现低成本、高效率、节约资源、生产更加灵活、上市速度更加迅速、产品更加个性化等目标。它主要分为三大主题："智能工厂""智能生产""智能物流"。

第一个主题——"智能工厂"。"智能工厂"又称为"黑灯工厂"（图31），"黑灯工厂"是"Dark Factory"的直译，意思是在工厂里从原材料到最终产品完成的过程中一切加工、运输、检测等生产活动里，均没有人类的参与，而是全程由机器来完成的。工业插上了高科技的翅膀，人类在简单、重复的劳动中所扮演的角色越来越少，工厂中各类机器在没有人操纵与看守的情况下高速运转。因此我们可以把灯关上，让得到指令的机器在不吃、不喝、不睡、无人看管的状态下一直工作下去，由此可以看出"黑灯工厂"最显著的一个特征就是"无人化"，而藏在管理"无人化"的背后则是生产过程的"智能化"。

第二个主题——"智能生产"。"智能生产"作为制造业

图 31　黑灯工厂

的未来,将原材料与生产设备连接起来,使得物与物之间可以相互交流。这听起来似乎很难以理解,但其实通过无线射频技术(Radio Frequency Identification,RFID)就可以实现。比如,在生产可乐的车间中,生产线上连续的三个瓶子依次经过装可乐的工序,每个瓶子上都带有不同顾客定制要求的信息码,经过灌装处,瓶 A 中的信息码通过无线射频技术告诉灌装机械手的控制器,客户 A 想要多加糖,控制器就会控制灌装机械手向可乐中再增添些糖;瓶 B 中的信息码传达的信息是客户 B 有糖尿病,不能加糖,控制器就会安排灌装机械手在瓶 B 中装入无糖可乐;瓶 C 中的信息码告诉控制器客户 C 喝常规糖可乐,控制器就会转告灌装机械手:"你正常装可乐就可以了。"因此,当我们完成网上下单的那一刻,就可以实现真正地定制符合我们喜好的可乐。智能生产是能够帮助人们实现多品种、小批量、定制生产的生产方式。(图 32)

图 32　智能生产线中的可乐灌装工序

第三个主题——"智能物流"。"智能物流"通过互联网、物联网、物流网，整合物流资源，充分发挥现有物流资源供应方的效率，同时需求方能够快速获得服务匹配，得到物流的支持，实现正确的货物以正确的数量、正确的时间、正确的质量、正确的价格送达正确的地点。一个典型的例子就是云仓。云仓利用云计算和现代管理方式，依托智能仓储设施进行货物流通，其作业流程中入库与出库速度非常快。据悉现有的京东云仓从接到订单，到拣货，到出库，基本只需要 10 分，这一过程不仅速度快，而且准确率高达 100％。

➡➡转变动机——"数"说制造

当前我们说的"工业 4.0""新型工业化"等一系列智能制造的战略安排，涉及面广，层次深，如何把信息和通信技术有效地融合于自动化设备和生产流程的各环节中，面临着很多的挑战。如果没有实际条件使其能够落地实现，那么这些战略计划终究也只能成为对未来的一个美好憧憬。近几年蓬勃兴起的数字化信息技术使机器设备拥有了敏锐的"眼睛"和灵活的"大脑"。在数字化技术的帮助下，听起来难以理解的智能生产过程就有了合理的解释了。

中国移动与老板电器打造的 5G 未来工厂就是名副其实

的"黑灯工厂"。在其中的厨房电器钣金制造过程中,16条生产线均实现了无人化生产,穿梭在不同生产线之间的是各个上、下料机器人以及无人物流小车(Automated Guided Vehicle,AGV),而管理者在办公室通过工业互联网平台,就可以实现生产数据可视化管理,完成从原材料到生产再到入库的统一调度,实现所有点位物料的自主流转和自动预警,使"黑灯工厂"各条生产线可以协同生产。

他山之石,可以攻玉。数字信息化技术已成为新一轮工业革命中的重要内容,大数据、云计算、增材制造、机器人技术、智能制造、智慧制造等新兴及前沿技术迅猛发展,这对急需升级转型的工业来说无疑是一个难得的机遇。相信工业制造将会在数字技术的加持下,更快地完成向工业"智造"的伟大飞跃。

▶▶揭开智能制造的神秘面纱

随着科技的发展,智能制造(Intelligent Manufacturing,IM)这一字眼逐渐频繁地出现在我们眼前,越来越多的制造型企业开始强调转型智能制造,以求获得更高的生产率。智能制造听起来似乎很神秘,各种相关解释也层出不穷,那么究竟什么是智能制造呢? 从字面意思看,"智能制造"包括"制造"和"智能"两个方面,其中"制造"是指对原材料进行加工或再加工,以及对零部件进行装配的过程,而"智能"则是描述企业在整个产品生命周期使用先进科技技术,实现柔性化、信息化生产以应对各类生产要求。因此,通俗地来说,智

能制造就是指在制造业引入新兴科技,如物联网、数字孪生、工业大数据等技术,使得系统、机器、人员之间可以交互,一切数据信息得以互联,实现从产品的设计过程到生产过程,以及企业管理服务等全流程的智能化和信息化。

➡️➡️物联网——无处不在的信息互联

当你忙碌了一天下班回家打开门的一刻,客厅的灯光缓缓亮起,房间的空调也已经调到最适宜的温度,厨房飘出了食物烹饪的香味,电视正在准备播放你最近观看的节目,你只需要静静享受智能家居带来的便捷生活;工厂里各条生产线在不停歇地加工产品,现场的一切动作、灯光、温度、湿度、红外线等都被敏锐的传感器等设备技术捕捉到并传递给计算机,车间主任只需要坐在舒适的办公室中就可以对各个生产环节进行控制,让工厂在最佳状态下运行;当你路过高速收费站的时候,再也不需要像以前一样找现金,验证机制全部由车中的 ETC 终端和通道的 ETC 服务器端进行交互,你只需要坐在驾驶室驾车平稳通过……这一切看起来既不可思议又十分美妙,其实都是由幕后工作人员——物联网在有条不紊地打理各项事务。

物联网(Internet of Things,IOT)是继计算机、互联网和移动通信网之后的世界第三次信息技术革命。计算机的出现改变了传统的计算方式,互联网的出现改变了人们的学习和工作方式,而物联网的出现和应用则彻底改变了工业制造、农业生产以及日常生活的方方面面。

相信大家对蜘蛛网都不陌生。小昆虫无论落到蜘蛛网的哪一个地方,敏锐的蜘蛛都能通过网传来的信号,迅速地将其变成自己的"盘中餐"。物联网之所以被称为"网",也正是因为其具有和蜘蛛网类似的特点,只不过捕捉的对象不是小昆虫,而是工业、农业以及生活中各类的信息。各种信息落在物联网这张大网上,各类信息通过网来传递,再被"蜘蛛"人或物接收,将其进行处理,由此实现物物相连、万物互联的神奇现象。(图 33)

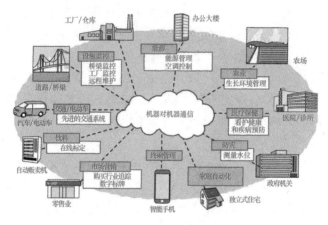

图 33 "万物互联"的物联网

这样一张能够将万物相连的神奇"大网",其起源竟与生活中一只小小的口红有关。1999 年,英国宝洁公司的品牌经理凯文·阿什顿发现他负责的化妆品系列中,有一种口红一直处于售罄的状态,而与宝洁供应链员工进行核实时,却得知仓库里这种口红的库存依旧不少。尽管在当时零售商们已经开创了扫码系统,以此来有效地管理库存,

助力中国智造的工业工程

但扫码无法传递产品的位置信息。"显然，扫码并不完美。"凯文·阿什顿认为，这里面一定能发掘出一个可以跟踪产品的方法。

与此同时，英国的零售商们开始实践会员卡，内置一种无线通信的芯片，这种技术后来被称为无线射频识别技术。一家芯片制造商向凯文·阿什顿演示了芯片的工作原理，并告诉他，芯片上的数据无须读卡器，就能够得以无线传输。有一天开车的时候，凯文·阿什顿突发奇想，闪现出了一个新点子：如果将会员卡中的无线芯片塞到口红里，会怎么样？如果一个无线网络能够接收到芯片传来的数据，那么就能轻松获取到这支口红的芯片信息，并能告知店铺人员，货架上有哪些商品。凯文·阿什顿把这种方式取名为物联网，即物与物相连的互联网，这就是物联网的早期雏形。

那么物联网究竟是如何实现物物之间相互交流的？在物联网中，物品能够"开口说话"主要是通过利用传感器技术、无线网络通信技术和云计算技术等具有感知、监控能力的各类控制技术，这些技术设备被安装在物品中，如凯文·阿什顿所说的"将会员卡中的无线芯片塞到口红里"，由此使物品拥有感知能力和数据处理能力，进而可以获取在生产流通各个环节的相关信息。物品在数据收集完毕之后就会将数据传到云端进行集中处理，这一过程主要是由网络连接来实现，即通过互联网对物品进行实时跟踪和更新，传递信息至云端。传到云端的数据则是通过云服务器，如阿里巴巴云平台等进行处理，将原始的数据转化为有用的信息。最后数据经处理后以简单易懂的形式传给用户,用于工业、农业以及人们日常生活的方方面面。

下面简单地以传统生产线与物联网时代的生产线为例进行介绍(图34)。假设生产线上一件产品的三道工序依次由机器 A、机器 B、机器 C 进行加工,在传统的人机交互模式中,当机器 B 发生故障时,机器 C 毫不知情,仍然继续保持工作状态直到工作人员发现故障将其停止,而机器 B 的故障需要等到工作人员发现并通知维修人员到来之后才能进行修理。因此在人机交互模式中,一旦生产线中的某一机器出现了故障,其他机器并不知情,生产线重新顺利运转需要工作人员的参与。

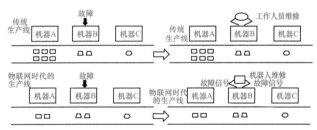

图 34   传统生产线与物联网时代的生产线

而在脱离人机交互模式的物联网时代中,一旦生产线上的机器 B 发生故障,就会立即将故障信号传送给同一生产线上的机器 A 与 C 并使其停止运转,同时还会传送给维修机器人并对机器 B 进行维修,使生产线尽快恢复正常运作,减少机器故障带来的损失。物联网的应用使得机器之间可以

相互沟通，突破了原本只能人与人、人与物之间进行交流的局限性。

➡➡数字孪生——虚拟世界的"双胞胎工厂"

孪生即双胞胎，说起双胞胎，可能大家下意识会想到长相一样、身高一样等。正如我们在现实生活中见到的双胞胎一样，在数字化时代中也有一对"双胞胎"，只不过这对双胞胎一个实、一个虚。它们一个是存在于现实世界中的物理实体，一个是存在于虚拟世界中的计算机模型，对于这对双胞胎中"虚"的那一方，我们称之为数字孪生。它可以是一台虚拟的机器、一条虚拟的生产线，甚至是一个完整的虚拟厂房。

数字孪生(Digital Twin)这一专有名词由 John Vickers 在 2002 年创造出来，并由他的同事、密歇根大学教授 Dr. Michael Grieves 在 2003 年应用于产品生命周期管理领域。数字孪生又称为数字双胞胎，正如前面所说，它可以是虚拟空间中对现实空间的一台机器、一条生产线、一个厂房等的映射，是某个物理对象、过程或产品的虚拟副本。之所以被称为数字孪生，顾名思义，是因为它与现实生活中的物理实体的结构与性能表现如孪生双胞胎一样，只是两者所处的空间不同。

"休斯顿，我们出问题了！"在电影《阿波罗 13 号》中讲述了执行登月任务的阿波罗 13 号飞船，在航程中机体受损，3 名宇航员经历重重考验、九死一生回到地球的故事，电影取自美国阿波罗 13 号登月计划的真实故事。1970 年 4 月 11 日，阿波罗 13 号正按照既定的目标向月球飞去，突然生活舱中一个氧气罐发生了爆炸,导致主推进器受到了严重的损坏,同时氧气被泄漏到了太空之中。在远离地球 210 000 英里(1 英里约为 1.61 千米)之外的太空中,飞船受损同时氧气动力不足的情况下,如何让 3 名宇航员顺利返回地球无疑是一个巨大的难题。然而 NASA 做到了,它成功地将宇航史上很可能发生的最大灾难,转化为一个巨大的、令人兴奋的成功。

而做到这一切的关键是 NASA 有着一套完整的、高水准的模拟系统,用来培训宇航员和任务控制人员所用到的全部任务操作,包括多种故障场景的处理。NASA 将模拟系统调整到受损的阿波罗 13 号当前的配置状态,按质量、重心、推力等参数为这艘新飞船的主机进行了重新编程,与登月舱制造厂商协同工作,确定了一个新的着陆过程。然后,安排后备宇航员在模拟系统上进行操作演练,演练证明了方案的可行性,最终宇航员安全地返回地面。

阿波罗 13 号中的模拟系统就是早期的数字孪生的例子。事实上,NASA 早在数字孪生概念出现之前,就基于镜像系统这一基础概念,为其各种太空物理设备开发了一系列数字孪生系统。这些数字孪生系统被用于各种太空中物理设备的测试、操控、养护、维修,减少了操作成本和资源。

➡➡工业大数据——让机器更"聪明"

当前,以大数据、云计算、移动物联网等为代表的新一轮科技革命席卷全球,正在构筑信息互通、资源共享、能力协同、开放合作的制造业新体系,极大扩展了制造业的创新与

助力中国"智"造的工业工程

发展空间。新一代信息通信技术的发展驱动制造业迈向转型升级的新阶段——工业大数据驱动阶段，这是在新技术条件下制造业生产全流程、全产业链、产品全生命周期数据可获取、可分析、可执行的必然结果。

那么什么是工业大数据？工业大数据是指在工业领域中，围绕典型智能制造模式，从客户需求到销售、订单、计划、研发、设计、工艺、制造、采购、供应、库存、发货和交付、售后服务、运维、报废或回收再制造等整个产品全生命周期各个环节所产生的各类数据及相关技术和应用的总称。

工业革命的关键技术要素是工业大数据分析。各个产业大国都面临从传统制造业向制造服务业转型的压力。美国的应对方法是工业互联网革命，德国提出实施"工业 4.0"战略，我国提出"新型工业化"战略规划。美国的"工业互联网"侧重于用互联网激活传统工业，带动产业变革，关键是通过大数据的分析能力实现智能决策。德国"工业 4.0"的本质是基于"信息物理系统"实现"智能工厂"标准化，"新型工业化"战略则是将工业互联网和智能制造两者进行有机的结合。(图 35)

如何借助工业大数据进行智能分析与决策？下面，我们以工业大数据在工程机械领域的一些应用为例。工程机械设备大都在野外作业，作业环境恶劣，作业工况复杂，基于工业大数据分析平台，我们可以从故障预警、运营优化等方面着手挖掘大数据价值，实时监测设备状况，实现对设备的预防性维修及服务，在设备发送故障前，主动预警并触发维保

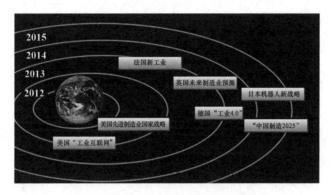

图 35　新世纪世界各国制造业发展战略

方案。此外,基于设备运行状况的大数据分析,能为企业带来新的决策创新,助力企业准确判断市场热度,实现产品精准营销、产品改进和企业风险管控。

▶▶站在精益生产肩膀上的智能制造

精益生产(Lean Production,LP)是起源于日本丰田汽车公司的一种生产管理方式,其特点是多品种、小批量、高质量和低消耗,也称为丰田生产方式。

智能制造是一种由智能机器和人类专家共同组成的人机一体化智能系统,它在制造过程中能进行智能活动,诸如分析、推理、判断、构思和决策等。通过人与智能机器的合作共事,去扩大、延伸和部分地取代人类专家在制造过程中的脑力劳动。它把制造自动化的概念更新,扩展到柔

助力中国«智»造的工业工程

性化、智能化和高度集成化。而精益生产则和智能制造有着紧密的关系，精益生产不是智能制造之路的可选项，而是必选项。

➡➡两大法宝——准时生产和全员参与改善

✥✥准时生产

准时生产(Just In Time,JIT)首先出现于日本，其产生与日本国情密切相关。一方面，日本国土面积狭小，而人口密度大，同时自然资源贫乏，因此在生产管理中，就必须充分利用各种资源，避免各种可能的浪费；另一方面，日本土地昂贵，工厂布局必须尽可能合理，占地面积小，同时要求物流通畅，减小仓储面积，在他们看来，有库存积压是一种浪费，而废品则是更大的浪费。

而在倡导 JIT 以前，世界汽车生产企业包括丰田汽车公司均采取福特式的"总动员生产方式"，即一半时间人员和设备、流水线等待零部件，另一半时间待零部件一运到，就全体人员总动员，紧急生产产品。这种方式造成了生产过程中的物流不合理，尤以库存积压和短缺为特征，生产线或者不开机，或者开机后就大量生产，从而导致了严重的资源浪费，如图 36 所示。

JIT 的创立者们认为，生产技术的改进固然可以降低生产成本，但当各企业在生产工艺上的差异不存在或很小时，只能采取合理配置使用设备、人员、材料等资源的方式，以较多地降低成本。1953 年，日本丰田汽车公司的副总裁大野耐一意识到，美国式的"单一品种大批量"的生产方式不能够

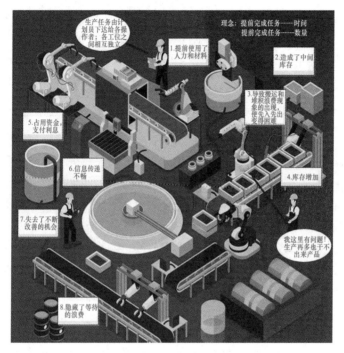

图 36　"福特式生产"的缺点

适应市场的这种变化，于是综合了单件生产和批量生产的特点，创造了一种在多品种、小批量混合生产条件下高质量、低消耗的生产方式，即准时生产。

何为准时生产呢？其实就是将必需的产品，仅按必需的数量，在必需的时刻进行生产。传统生产模式中，"现在闲着不如多干点""多多生产，有备无患"等想法，在 JIT 中是完全错误的，会造成浪费。JIT 的理念是从相反的方向观察生产

流程,就是该工序的人按照必需的数量在必需的时刻到前工序去领取所必需的零部件,接着,前工序为了补充被取走的零部件,只生产被取走的那部分,这就是所谓的"拉动式生产"。

❖❖❖全员参与改善

精益生产为什么实施全员参与改善？企业的财富不是少数管理者创造的,创造财富的过程大部分掌握在一线员工的手里。一线的基层员工日复一日地工作,他们对企业的运作最有体会,对企业存在的现实问题最了解。生产线的问题反馈和一些小问题的改善都是由基层员工来完成的。没有员工的积极参与,精益生产是不会取得成功的。上层管理者要努力创造一种积极的氛围,使基层员工愿意提出问题,提出改进的想法并自愿参与改善活动。员工并不是简单地执行任务、完成日常工作就可以了。

丰田认为员工是创造价值的源泉,员工参与公司的管理、运作,企业更能最大化地创造价值。员工的智慧才是企业的最大财富。在丰田汽车公司,员工被尊重,有高度的归属感;员工不但贡献自己的体力,也随时随地贡献自己的智慧;员工有很强的责任心和积极承担意识。丰田汽车公司在全球有37间工厂,每年由员工提出超百万个改善提案,每天约有5 000个改善提案在实施。丰田每天都在改变、改善、进步,让基层员工参与是全员参与改善的重点和最终目的。基层员工是精益生产改善的创意源泉,是企业要挖掘的真正的"金矿"。

➡➡精益生产——改变世界的机器

第二次世界大战结束不久,汽车工业中统治世界的生产模式是以美国福特公司为代表的"福特式生产",这种生产方式以流水线形式,少品种、大批量生产产品。在当时,大批量生产方式代表了先进的管理思想与方法,大量的专用设备、专业化的大批量生产是降低成本、提高生产率的主要方式。

与处于绝对优势的美国汽车工业相比,当时的日本汽车工业则处于相对初级的阶段,丰田汽车公司从成立到1950年的十几年间,总产量甚至不及福特公司1950年某一天的产量。汽车工业是日本经济倍增计划的重点发展产业,日本派出了大量人员前往美国考察。

丰田汽车公司在参观美国的几大汽车厂后发现,采用大批量生产方式降低成本仍有待改进,而且日本企业还面临需求不足与技术落后等困难;加上战后日本国内的资金严重不足,也难有大量的资金投入以保证日本国内的汽车生产达到有竞争力的规模,因此他们认为在日本进行大批量、少品种的生产方式是不可取的,而应考虑一种更能适应日本市场需求的生产组织策略。

以丰田的丰田英二、大野耐一等人为代表的精益生产的创始者们,在不断探索之后,终于找到了一套适合日本国情的汽车生产方式:准时化生产,全面质量管理,并行工程,充分协作的团队工作方式和集成的供应链关系管理,逐步创立了独特的多品种、小批量、高质量和低消耗的丰田生产模式。

为了揭开日本汽车工业成功之谜,1985年美国麻省理工学院筹资 500 万美元,启动了一个名叫"国际汽车计划"的研究项目。在 Daniel T. Jones 等教授的领导下,学院组织了 53 名专家、学者,从 1984 年到 1989 年,用了 5 年时间对 14 个国家的近 90 个汽车装配厂进行实地考察,查阅了几百份公开的简报和资料,并对西方的大批量生产方式与日本的丰田生产方式进行对比分析,最后于 1990 年著出了《改变世界的机器》一书,第一次把丰田生产方式定名为 Lean Production,即精益生产。

精益生产可以看成从科学管理阶段过渡到现代管理阶段的一个重要标志。它的核心是彻底消除无效劳动和浪费,不断降低成本,提高生产率,无止境地改善企业生产方式,寻求生产和经营服务的尽善尽美。图 37 展示了大批量生产过程中存在的八大浪费。

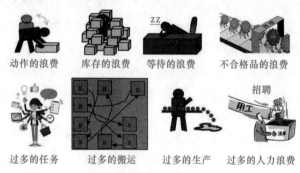

动作的浪费　　库存的浪费　　等待的浪费　　不合格品的浪费

过多的任务　　过多的搬运　　过多的生产　　过多的人力浪费

图 37　大批量生产过程中存在八大浪费

➡➡站在巨人的肩膀上——让智能制造"看"得更远

制造业体现了一个国家的生产力水平,在发达国家的国民经济中占据重要的份额。改革开放后,我国制造业发展迅速,取得了惊人的成绩。国家统计局报告显示,中国制造业2010年占全球比重为19.8%,自此总量连续多年稳居世界第一。2018年中国制造业资产为866 343.7亿元,同比增长0.4%;2019年中国制造业资产为911 341.6亿元,同比增长5.2%。然而,中国制造业面临着不少重大问题,主要表现为创新能力不强、质量效益不高、资源环境承载压力大等,导致制造业竞争力并不强,仅为世界第七。

前面提到过智能制造的定义,下面让我们用一个简单的例子来解释到底什么是智能制造。比如,小明网购了各种零食,但是质量参差不齐,在吃了一块小饼干后开始腹泻。于是小明去找店家理论,可是连店家都不知道问题出在哪里。如果有了智能制造,那么所有环节都能查到!按照顾客→配送→经销商→加工厂→原材料的逆向顺序(图38),根据手里的这块小饼干,就能够追溯到运输、包装、生产的每一个环节,这种数据的透明从根本上解决了食品安全问题!调查终于发现,原来是运输员开车时绕了远路,耽误了饼干配送。再有,小明因为腹泻,自己买了肠胃药,可吃了一直不见好。原来,西医是根据抽样群体取的平均值制药,但是每个人的致病机理、身体情况各不相同,这样吃药治疗不能达到精准治疗的效果,需要具体问题具体问诊。智能制造将人的基因图谱数据收集起来,通过柔性定制,针对个人不同的情况制作不同的药品,价格也不贵,这样就可以不用再购买批量生产的药品了。

我们知道了智能制造和精益生产的最终目标是高效地

图 38　购买饼干的环节

生产产品，实现短交期、高质量和高效率，提高企业的竞争力。那么两者有何内在联系呢？

精益生产是智能制造的基础。精益生产要消除一切不增值的作业，对流程进行合理化，如工厂通过拉动式生产降低生产库存，也就是通过精益生产可以减少不必要的自动化投资。同时，精益生产还是一种管理思维的革新，从管理层到执行层转变原有的思想观念，始终牢记"价值、价值流、流动、拉动、尽善尽美"五大原则，按计划进行培训，分阶段实施，进行持续改善，打好基础。

同时，智能制造反哺精益生产。智能制造可以为精益生产提供足够的保证，把生产过程中以前认为不可能的事情变成可能，把以前困难的事情变得简单，把以前无法实现的事情变得可以实现。智能制造也能给精益生产带来推动作用，在导入自动化之前，需要先理清哪些工序需要导入自动化，评估该工序要实现自动化需要哪些作业，动作是否为增值的,是否必要;在导入信息化之前,需要先梳理流程,评估流程中无效的迂回信息,进行简化,避免把投资花到这些不增值的流程、作业、动作上。

由此可见,唯有站在精益生产的肩膀上,智能制造才有动能和原动力,才能走得更快、更远、更稳。

▶▶ 智能制造与工业工程的强强联手

在"工业4.0"和"新型工业化"大潮流下,智能制造成为影响未来经济发展过程的重要生产模式。而工业工程的核心是效率科学,采用科学的原理和方法提高整个系统的效率。从这一点上讲,工业工程是企业运营的保障,企业需要利用工业工程实现整个流程的标准化,使各项运营指标趋于精益,进行系统性的优化。因此在工业工程的基础上进行智能制造升级改造才会更加有效,最大限度地推进智能制造。

➡➡ 智能工厂规划——系统思维及实施方法

看到这个标题大家不免心生疑问:什么是智能工厂(Smart Factory)?智能工厂长什么样子?它和传统意义上的工厂有什么不同呢?前面我们提到了工业工程的系统思维,这又是如何体现在智能工厂上的呢?接下来我们就带你走进智能工厂。

抛去"智能"的外衣,工厂的本质仍然是为了提高生产力的集约化生产。随着高科技技术的发展,新型智能工厂的迭

代也就成了必然。智能工厂是基于高级软件和智能机器,适应性强,能整合客户和业务合作伙伴的需要、以最快速度满足客户和市场需要的工厂。

这么说可能大家还不理解智能工厂有多"高级",下面让我们走进位于德国安贝格市的西门子工厂。该工厂被誉为全球典型的工业 4.0 样板,致力于为宝马、戴姆勒、拜耳等公司生产自动化机器,自建成以来,工厂的生产面积没有扩张,员工数量也几乎未变,但该工厂的产能较 26 年前提升了 8 倍,按每年生产 230 天计算,平均每秒就能生产出一件产品! 同时,产品质量合格率竟高达 99.998 5%! 全球没有任何一家同类工厂可以与之匹敌。在工厂里,你可以随处看到机器人、传感器、AGV 小车、悬挂式输送链等硬件元素,也可以看到数据处理、智能控制等软件元素。该工厂覆盖了全方位的网络,实现了指令自动下达和设备生产线信息的自动采集,简单来说就是建立了一个全网络覆盖的工厂,就如同新装修的办公室通了 Wi-Fi,满格信号才能拥有强大的工作动力! 这家明星工厂的闪光之处在于"机器控制机器的生产",也就是端到端的数字化,这也正是未来智能工厂所要达到的目标,是更加系统的"高级工厂",更强调万物互联、人机协同。

智能工厂是个系统工程,而不是从某个单一环节上就能解决的,要充分发挥高端设备、数字化技术的优势,就要从全局出发,并对各个方面进行逐一优化,这也就是系统思维强调的从大处着眼、小处着手。那么如何打造智能工厂? 从哪几个方面入手? 简单来说,就是要把握六个维度:智能计划排产、智能生产协同、智能互联互通、智能资源管理、智能质量管控、智能决策支持(图39)。

图39　六维智能

以上六个维度的智能规划,可极大地将数字世界与物理世界无缝衔接,真正实现真实工厂与虚拟工厂的同步运行。当然,智能工厂的规划涉及的方面远不仅此,要比本节介绍的内容丰富、复杂得多,希望同学们可以发挥聪明才学,投身到智能工厂的建设中来。

➡➡智能计划与控制——奇妙的运筹优化能力

计划是如何与智能化"联手"的? 计划与控制和运筹又有什么关系? 接下来带你领略运筹优化在计划控制领域的魅力所在。

我们知道生产计划与控制是生产管理的核心,是企业的指挥调度中心,在"新型工业化"蓝本下,制造业正迅速朝着信息化的方向发展。随着客户需求和市场竞争的加剧,多

助力中国"智"造的工业工程

品种、小批量、快速交付个性化定制产品成为摆在企业面前的难题，以往的计划是通过估算生产期、物料到货期、库存量来进行安排，人工的排产不仅效率低下而且容易出错，已经不能满足当前的需求。建立生产计划指挥中心，对整个工厂进行生产计划的指挥和调度，及时解决和发现突发异常的问题，是智能工厂的重要标志。

说了这么多，那具体怎么样才算是智能计划与控制？举个简单的例子，想拥有属于你的个性化定制的汽车需要多久？一年？一个月？不，是 24 天！24 天是一辆汽车从下订单到整车下线的时间，只需要 24 天用户就可以轻松拥有一辆专属的个性化定制汽车。在这样一家"聪明"工厂的总装车间，智能化生产线 24 小时不停歇，每 7 个小时就有一辆定制汽车下线。从发动机、变速箱、方向盘、轮毂、轮胎、驱动形式，甚至连车钥匙的颜色用户都可以选择，其间包含 73 种选装包，意味着一辆车可以有 384 种可能性。那么这么多个性化定制汽车，需要怎么安排才能既保证时效又保证质量地送达到顾客的手上呢？究竟一个企业要实现"定制"有多难呢？

众所周知，目前的汽车供应渠道都是批量进货的模式，零配件的数量和种类都是固定的，而一旦采取私人订制的模式，将会打破这种平衡。试想一下，要根据数以万计的定制搭配来配货，制订生产计划，将是一项多么大的工程。其中效率、成本、人性化、交货期等因素，某一环节的误差都可能造成浪费，因此就需要建立生产约束模型，运用运筹学来实现最优。

➡➡智能"质"造——现代质量管理新理念

我们先来了解一下质量管理的"前世今生"。最初的质量管理诞生于 1875 年,管理学之父泰勒推出科学管理理念,将检验活动与其他职能相分离,设置出单独的检验部门。在此后的发展历程中,质量几乎贯穿于人类的所有活动。伴随着对质量的追求,人们对质量管理的理解也在不断地加深。

第一次世界大战后,因战争的需要,各国都在大力发展军事工业,质量管理处于初级阶段,即质量检验阶段。质量检验也就是事后检验,目的是剔除不合格品,防止不合格品流向社会。第二次世界大战时,由于对军需品的特殊需求,单纯的质量检验已经不能适应战争的需要了,因此一些数理统计专家广泛应用数理统计方法对生产工序进行了控制,取得了非常显著的效果,这就是质量管理的第二个阶段——统计过程控制(Statistical Process Control,SPC)阶段。这个阶段强调应用统计技术对生产过程进行监控,以减少对事后检验的依赖,突出了质量预防性控制与事后检验相结合的管理方式,也就是事前检验。20 世纪 60 年代,仅凭质量检验和运用统计方法已经难以保证和提高产品质量,尤其是对于那些质量要求较高的产品(如药品、复杂装备等),必须进行严格的控制。质量管理学家朱兰提出全面质量管理(Total Quality Management,TQM),由此进入了质量管理的第三个阶段。这个阶段把质量的概念从狭义的符合规范拓宽到以顾客为中心,将质量控制延展到产品生产的全过程,也就是说不仅关注产品的质量,更加关注人的质量意识,更加关注对

顾客的服务工作。

随着工业 4.0 的提出，质量也来到了"质量 4.0"的新时代。随着人工智能、大数据、云计算的技术升级，现代质量管理的文化内涵也在不断演进，成为质量管理持续发展的时代命题。在智能制造的当下，实现了信息的互联互通、无障碍流通，除了传统的质量方法，很多高科技手段，比如云计算、深度学习、人工智能、VR、AR 等均可以自主、精确地分析和识别产品生产中的关键因素。现代质量管理融合了信息化、数字化和智能化技术，呈现出以下的发展特点：

第一，相较于产品质量，由于物联网使整个生命周期都变得透明和可追溯，我们可以量化关乎产品质量的关键特征，数据可以让质量"看得见"，因此与之而来的数据处理和数据质量就变得尤为重要，这也将是智能制造所面临的巨大挑战。

第二，质量是由客户决定的。产品到客户手中，无论配置多么豪华，性能多么卓越，外观多么精美，但是只要不是客户所需要的，那么结果就是被淘汰，因此用"最适质量"代替"最佳质量"，而"最适质量"即让客户感到最满意的质量。产品不仅要满足客户现在的需求，即功能好、使用方便、外观精美，也要保障客户未来的需求，即安全可靠、经久耐用。

第三，随着数据和信息的爆炸式增长，产品创新、个性化需求的日益增加，"顾客声音"的日益涌现，对于质量的影响已经涉及方方面面，因此许多与传统质量管理无关的团队，如产品创新团队、数据分析师、物联网平台经理等都将成为整个质量管理中的一环，质量意识将渗透到每一个企业员工的灵魂里。

第四,在如今的"大质量"时代,质量管理可以提前预测产品在生产过程中的缺陷风险,而不是定期监控和检测,甚至利用 AI 等数据技术来采取相应的纠正措施。当然这些纠正措施是经过设计和模拟仿真的,从而真正地将质量控制提升为预测质量管理。

迈向未来的工业工程

潮平两岸阔，风正一帆悬。

——王湾

▶▶模块化——驱动 IE 学科新发展

模块化是指在分析复杂系统时，自上向下地将系统逐层划分为若干相互独立的模块。分解后的系统结构中，每个模块是可以自由组合、分解和更换的单元，每个模块完成特定功能，并按某种方式与其他模块组合从而构成系统整体，实现系统的复杂功能。我们可以把模块化看作搭积木，不同颜色、功能、形状等特征的积木在同一个系统中随意组合，在满足系统整体功能的前提下实现系统解决的高度自由化和创新化。模块化应用非常广泛，例如编程模块化，此时一个模块就是一段实现特定功能的程序代码，我们可以方便地使用已有代码模块，想要什么功能，就加载什么模块。当所需要的代码越来越庞大时，利用模块化，开发者就只需要实现核心模块的代码编辑,而其他模块可以利用已有代码来实现。

　　模块化也适用于身边的各类生活产品,伦敦一家科技公司的创始人设计出一款模块化的拖鞋 mahabis(图 40),其将传统拖鞋分解为鞋底、可折叠垫脚跟和鞋垫三个元素。这三个元素对应着拖鞋这一系统结构的三个模块,针对每个模块进行个性化设计,就可以实现各个模块颜色和款式更换。如该款拖鞋的鞋垫有灰色和黑色两种颜色,鞋底有灰色、黑色、红色、黄色、蓝色和绿色六种颜色,同时还有两种材质,消费者在家时可以选择室内专用的鞋底,当需要外出时将鞋底换为室外专用的即可。

图 40　拖鞋 mahabis

　　21 世纪初,德国政府提出"工业 4.0"的战略计划来提高德国工业的竞争力。"工业 4.0"是基于工业发展中的不同阶段和特征来划分的,"工业 1.0"是蒸汽时代,"工业 2.0"是电气化时代,"工业 3.0"是信息化时代,"工业 4.0"则是通过信息化技术来实现工业产业变革的时代,即智能化时代。哪个国家能够更快地实现将信息化技术与工业产业相结合,提升

自己的竞争力，就能够在新一轮的工业革命中占领先机。其中，模块化就是支持"工业4.0"的一个关键技术，在工业工程中应用模块化后，能够实现设计、组织、生产等不同过程的分解，更加高效地设计与生产产品，满足市场需求，提升企业竞争力。

➡➡模块化设计

模块化设计是指在对产品进行一定特征分析的基础上，将产品划分为一系列不同功能的模块，每个模块都可以进行不同的设计和选择，以满足市场的不同需求。在考虑产品中的不同模块设计的同时，还需要考虑模块与模块之间相互连接的接口设计，包括材质、尺寸、精度和形状等多方面的设计。因此，产品的模块化设计往往与参数化设计相结合，即通过设定参数的方式对产品模块化的各个部件信息进行表示，从而实现各个模块之间的参数联动，简化设计修改过程，提高产品设计效率。

实现产品模块化设计的关键还需要注意按照具体特征将产品合理分解为一系列模块，即产品的合理模块化分解。产品的模块化分解是模块化设计的基础性工作，模块化分解的合理性和正确性将直接影响产品的性能、功能、成本，以及是否符合市场需求等诸多方面。因此，进行产品的模块划分需要考虑市场需求和产品功能、功能间连接、性能、结构、空间、材料、精度、安装、加工、成本等，从不同侧重点进行的模块化分解得到的效果也有所不同。目前，常用的模块化分解方法主要是基于产品功能的模块划分方法。基于产品功能进行模块划分是利用产品的功能分析进行产品模块分解,针对这方面的分解,需要注意遵循各模块的功能独立性和减少模块间的交互作用原则。因此,根据功能进行模块划分时,应该将那些相互之间具有交互作用且作用较大的功能聚集在一起,成为一个模块,进而提高模块的功能独立性。上文提到的模块化拖鞋 mahabis 就是基于拖鞋的功能进行分解,在保证产品功能的情况下能够尽量满足市场需求。

➡➡模块化生产

模块化生产,顾名思义,就是将产品的生产线进行模块化分解,再将由分解获得的各个模块重新集成形成整个生产线的过程。模块化生产能够通过对生产线中模块单元的增加、删减和调整来达到改变生产线加工能力和效率的目的,使生产线更好地适应市场需求变化,提高生产灵活性。模块化生产在进行分解时需要考虑创新和设计的思想,绝不是仅仅按照图纸将生产分割为几个部分,每一个模块都应该具有其独特的设计思想,且多个模块组合在一起可以构成具有不同设计思想的产品。同时,能够单独对每个模块进行有针对性的创新设计。所以,模块化生产可以看作以模块化设计为原则的过程。

模块化生产应用于各种产品制造过程中,如我们所熟知的汽车制造过程,很多汽车品牌包括大众、奔驰、丰田等都用到了模块化生产技术(图41)。在模块化生产技术的帮助下,汽车制造生产过程可以细分至每个零部件的生产。汽车零部件的模块,往往是从全国甚至是全球范围内的厂商进行选

择的,再根据市场需求对某些模块进行按需设计和生产,优化汽车生产方案。需要注意的是,不同模块的生产可以由不同的厂商设计完成。同时,在模块化生产方式下,汽车技术的创新主要是针对零部件的创新,在细小的零部件上进行其专属的创新研发,能够在降低工作量的同时提高创新产品的能力。模块化生产方式打破了以往流水线和平台式的生产模式,汽车厂商能够在生产过程中进行不同的模块选择,不同的轴距、不同的发动机、不同的变速箱,甚至是不同的车身结构都可以进行组合装配,在大幅度提升生产率的同时,也可以保证产品多样化,满足不同市场需求。

图 41　汽车模块化生产

➡➡模块化组织

　　模块化组织是基于专业化分工将组织分解为不同功能的模块,并将各模块整合以实现组织资源优化配置的过程。相较于未进行模块化的组织来说,模块化后的组织不仅突出

136

了组织内各个模块之间的关系,还使得组织能够对市场变化做出更加快速和及时的反应。组织模块化对企业现有的价值链和产业链进行分解重组,实现企业价值的重新分布,提高企业的价值输出能力。

组织的模块化分解往往根据企业的业务、能力和结构进行分解,即业务模块化、能力要素模块化和组织结构模块化。

业务模块化将企业的业务情况作为组织划分的依据,每个模块单位能够承担独立业务,相当于企业系统中的一个子系统。例如,支付宝最初是淘宝为解决网络交易安全所设立的一个模块,它负责第三方担保交易的业务。

能力要素模块化则将企业的能力要素作为组织划分的依据,每个模块也可以独立地为企业创造不同的价值。例如,若企业的能力要素包括设计、制造、营销三个部分,则对应的模块化组织中可以将能力要素模块分为设计模块、制造模块、营销模块。

组织结构模块化将组织分解为一系列有契约关系的模块,这种分解方式不仅仅是根据组织内部特点进行划分的,而且可以基于所处市场进行灵活分解。组织结构模块化得到的若干模块往往是针对不同市场特性的,它们在应对不同市场需求、资源、技能上有较大差异,企业可以根据具体情况选择不同的模块作为重点,重构组织结构,以此来提高企业的市场竞争力。

➡➡模块化系统

系统是指由若干个相互联系和相互作用的部分组合在

一起,形成具有特定功能的整体。系统的种类有很多,包括生产系统、交通系统、计算机系统等。由于前文已经介绍过关于产品设计、生产和组织的模块化,为避免重复,本部分主要介绍的是企业整体的生产管理系统。

对于工业企业来说,生产是企业最重要的环节之一,因此,重新定义后的生产管理系统应以生产计划为主线,但不仅仅包括生产环节,还需要实现对产品的定制化设计、对企业资源的统一计划和有效配置,以及对企业内部的员工调配、财务管理等。

模块化后的管理系统可以对每个模块进一步分解,并根据不同模块和企业的特点,结合不同的信息技术,实现个性化的管理系统。例如,资源材料模块中可以与 RFID 技术、物联网相结合,实现材料等资源的有效监管,随时获取材料等资源的增减量、位置变动情况等。如图 42 所示,以材料的变动为例,进料和出料均需要负责人进行信息的登记和编号,之后通过网络将包括材料数量、外形尺寸、工艺参数等信息上传至企业数据库中,并在仓库中进行入库或出库的信息记录,最后实现材料交接。在这过程中,每个材料上都可以附着定位系统和二维码,使得相关工作人员可以随时随地更新和查看材料的信息变化情况,以提升工作效率。

图 42　材料资源模块的管理系统(以材料为例)

针对每个模块间的连接,往往可以使用信息管理系统实现智能生产与智能管理。工业信息管理系统能够将企业在各个模块环境中的人、机、物结合起来,构成一个复杂整体,搭建一个信息交流、共享和资源统筹优化配置的网络平台。不仅如此,互联网平台还能够有效地连接各个模块的运作,使得产业链中的每个环节连接得更加紧密,由此在产业技术和满足市场需求上共同进步,协同创新,提升企业的综合实力和核心竞争力。

▶▶ 数字化——激发 IE 学科新活力

　　数字化将大数据、人工智能、云计算等数字技术应用于社会的各行各业中,通过数据挖掘来为各项决策提供建议。现在,数字化已经成了推动社会经济发展的一项强大动力,党的十九大提出建设数字中国的号召。其中,工业数字化就是数字化发展的一个重要分支,也是传统工业产业发展转型的重要出路。工业数字化是指在工业制造和生产中结合现代数字技术和工业技术,解决数据从何而来、如何连接、如何使用这三大问题。可以看出,工业数字化围绕数据的相关问题展开,融合多学科、多领域的专业知识以解决工业系统中的难题,提高生产率和企业竞争力。本部分将根据工业数字化要解决的三个问题,简单介绍工业数字化的基本内涵。

　　第一个问题:数据从何而来? 数据是数字化的基础。无论后续的数字化技术或是生产方式如何发展,数据的采集依旧是生产提升中最重要且最实际的需要,也是实现工业数字

迈向未来的工业工程

化的前提条件。涉及数据采集的工程需要关注数据的来源问题，即如何运用低成本实现高效率且安全有保障的数据获取。

第二个问题：数据如何连接？工业数字化不仅仅是各个要素自身的数字化，还需要实现人、机、物等各要素之间的连接，使用互联网和数字技术来实现各要素的数据共享以创新和重构产业的生产、管理和服务模式。涉及数据关联的工程需要创造各环节的协议兼容、软件与硬件间的可沟通和协同工作的环境，建立高效率的数据传输共享与应用机制。

第三个问题：数据如何使用？如何有效处理数据、创造数据的价值是工业数字化转型中的一个关键环节。工业数字化转型的核心就是建设以数据为驱动要素的工业互联网平台，因此，如何利用数字技术和互联网技术实现数据的处理和应用显得十分重要。涉及数据处理的工程需要在数据挖掘的基础上，挖掘出数据中隐含的、潜在的有用信息和模式，由此来指导决策、解决问题并提升生产率。

上述三个问题的解决，实质上是工业数字化的数据采集、数据互联和数据应用三个环节。数据应用是三个环节的核心，而前两个环节为其有效实现奠定基础。这三个环节的相关方法、模式和措施构成了工业数字化的全过程。显然，数字技术的普及给整个工业社会带来巨大的变革，它促使产业结构、产品设计开发、用户维系和组织结构发生根本性的改变。下面仅以四个方面为例，讨论企业在各个生产环节是如何实现数字化转型的。

➡➡ 客户需求数字化

　　客户需求数字化,意味着企业的生产制造越来越向客户和市场的需求看齐。由于市场竞争的压力,工业企业既要照顾大多数用户的需求,也要考虑少数以及个别用户的需求,以提高企业的竞争优势并赢得更大的市场份额。因此,随着用户需求逐步呈现个性化和多样化,企业也需要从单一规格的大批量生产向满足不同用户需求的高质量、多样化方向发展。

　　通过数字化技术和物联网技术,用户可以将自己的需求及时传递给企业或是企业及时获取到市场中的不同需求,以进行柔性的生产制造。柔性的生产制造是指生产制造系统具有响应内、外环境变化的能力的生产方式,能够增强企业的生产灵活性和应变能力,提高生产率和产品质量。柔性的生产制造系统也是工业数字化的一个重要发展方向,企业需要根据收集到的需求迅速设计和开发出合格、满意的个性化产品以满足市场和用户的需求,充分体现产品的"个性化和定制化"。产品的"个性化和定制化"就是通过创造一个在线的设计和制造工作场景,使得客户能够直接或间接地表达他们的需求,甚至参与产品设计,看到设计结果。这种数字化的设计方式实现了从产品信息分享到产品模型展示的转换,使得用户能够交互式地自主浏览产品的三维图像和细节信息,详细了解产品的内、外特征与各项数据,再根据自己的喜好和需求进行配置和再设计,获得个性化产品。

➡➡产品设计数字化

应用数字化技术的产品设计不再局限于以往的二维分工,产品设计数字化更加强调的是一种协同,即创造产品设计的一体化协同环境。因此,很多国家和工业企业开始运用第三代的产品设计语言——基于模型的定义(Model Based Definition,MBD),它是指结合三维模型表达产品定义信息的设计方式,是工业工程进行数字设计和制造的重要基础。

产品设计大致分为两个阶段。第一个阶段是手工绘制二维图纸的阶段,这一阶段的工程人员按照产品的特性,运用简单几何原理绘制产品的二维图纸来表达三维实体。第二个阶段是计算机辅助绘图的阶段,这一阶段的产品设计较上一阶段有了很大的进步,不再局限于二维图纸,还运用三维模型进行辅助表述。此时的三维技术能够在模型上对产品做一些简单的信息注释,这极大改善了图纸的可读性。

目前,许多企业尝试将 MBD 技术与其他三维工艺结合,打造一个基于三维设计模型的数字化产品制造平台,实现产品从设计、工艺到生产制造的全过程信息化管理,以满足不同环节的功能。例如产品生产的可视化功能,通过可视化技术和智能管理系统,能够让产品的三维模型在生产车间呈现,操作人员通过系统可以查询到产品的设计、安装等相关信息,甚至可以查看到产品的三维仿真结果,以更加直观的方式了解产品的所有信息,理解产品的生产流程和安装工艺,提高产品的生产率。

➡➡供应商集成数字化

供应链是工业生产中不可或缺的组织形态和体系,工业数字化的成功在极大程度上取决于其供应链的数字化转型,而供应链的数字化转型受到供应商集成数字化的影响。从企业角度看,转型中的采购过程需要考虑两个问题:如何节省开支?如何选择能够为组织带来更大价值的供应商?随着数字化的发展,企业与供应商的接触模式也发生着转变,不再局限于线下单一的采购平台。工业互联网平台采购的数字化,能够利用平台强大的数据收集和分析能力、大数据算法和物联网技术等,实现与供应商的高效协作,甚至是自动化采购过程。同时,对于供应商来说,仅仅盯着自己的生产是远远不够的。供应商应有效地连通采购商、自身的员工方和设施设备方,让企业的采购与自身生产环节之间的信息零成本运转,实现需求和服务的无缝衔接,提高自身的竞争能力。

通过数字化技术,供应商可以将自己的生产和材料数据实时地分享给采购商,且当数据实现互联互通时,供应商和采购商之间的关系将变得更加紧密,甚至改变原有的合作模式。双方不再是简单地为了价格的涨跌而进行利益博弈,而是共同促进项目的利益。这种关系的转变,便催生出一种新的供应商管理模式——供应商集成。供应商集成就是将关键的一些供应商集成到企业的供应链中,让他们成为企业的延伸部分。例如,在设计阶段,产品设计不再是单一的研发人员设计好图纸、制定好规范后进行生产,偶尔根据生产过

程中的反馈进行产品设计优化,而是通过让关键供应商介入产品研发,使他们不仅仅供应材料和部件,还提供生产设计方面的帮助,在优化设计、降低成本的同时实现双方互利共赢。可以说,供应商集成是目前供应商管理的最高阶段,在这一合作状态下,市场机制仍然起作用,但不再是通过合同和博弈维系双方关系,而是基于双方的长期关系,通过协商促进产品优化,更好地服务社会大众。当然,企业和供应商的深度合作并不意味着采购、选择供应商时降低了标准和要求。相反,企业在进行采购时更应该提高标准,在沟通交流的过程中选择能够更好地共同解决问题的合作方。

➡➡生产制造数字化

生产制造数字化是在生产制造技术和数字化技术结合的基础上,通过对产品、生产工艺和资源信息进行数字化的描述和分析,进行合适的决策来实现产品的高效率、高质量生产。数字化的生产制造偏重于提高工业企业的自身竞争力,它能够提高产品的生产质量,提高生产率,缩短新产品的开发规划时间并降低生产设计成本。近年来,我国企业逐步认识了数字化生产制造的重要性,越来越多的企业尝试在产品的生产过程中运用数字化技术,使用数字化的生产设备和数控系统,因此各行各业的数字化成果较为显著,各地都建立起了大量的数字化生产线、数字化车间和数字化工厂,这有利于企业的数字化升级和全行业的数字化转型。

目前,企业生产数字化常常表现为生产设备的数字化,即利用计算机技术和数字技术对生产设备进行自动控制来实现对生产过程的数字化管理。设备数字化生产一般包括三部分:作业控制数字化、生产管理数字化和质量管理数字化。其中,作业控制数字化是指在计算机的控制下利用生产设备进行生产,它是设备数字化生产的核心环节。生产管理数字化是指利用计算机对生产产品、生产工作人员和生产环境等生产要素进行管理以达到快速掌握生产流程、准确核算生产成本和扩大生产的效果。质量管理数字化是生产数字化对传统工业生产方式的重要升级对象,其目的是对生产产品甚至是产品的各个部件的尺寸、质量进行检测和记录,并结合对实际的生产要素管理达到产品的高质量、高效率生产。

▶▶ 自动化——赋予 IE 学科新动能

数字化工业发展到一定程度,必然会有自动化的出现。工业自动化是在工业生产中广泛采用自动控制、自动调整装置,用以代替人工操纵机器和机器体系进行加工生产的趋势。在工业生产自动化条件下,人只是间接地照管和监督机器进行生产。工业自动化按其发展阶段可分为两种:一是半自动化,即部分采用自动控制和自动装置,而另一部分则由人操作机器进行生产;二是全自动化,指生产过程中全部工序,包括上料、下料、装卸等,都不需要人直接进行生产操作,而由机器连续地、重复地自动生产出一个或一批产品。

从生产过程的三大环节八个主要过程看,目前工业自动化的主要内容包括设计过程、生产准备过程、工艺准备过程、

加工过程、检验过程、装备过程、辅助生产过程、生产管理过程。几乎每一个过程都由自动化软件和自动化硬件配合使用，一些大型企业也会采用自动化系统这种更全面的方式实现工业自动化。本部分将从自动化软件、自动化硬件和自动化系统三个方面阐述工业自动化的发展。

➡➡自动化软件

自动化软件主要包括计算机辅助设计（Computer Aided Design，CAD）和仿真软件等。CAD是利用计算机及其图形设备帮助设计人员进行设计工作的软件。在工程和产品设计中，计算机可以帮助设计人员担负计算、信息存储和制图等工作。在设计中通常要用计算机对不同方案进行大量的计算、分析和比较，以确定最优方案。各种设计信息，不论是数字的、文字的或图形的，都能存放在计算机的内存或外存里，并能快速地检索。设计人员通常用草图开始设计，将草图变为工作图的繁重工作可以交给计算机完成。利用计算机可以进行与图形的编辑、放大、缩小、平移和旋转等有关的图形数据加工工作。CAD的基本技术主要包括交互技术（用户在使用计算机系统进行设计时，人和机器可以即时地交换信息）、图形变换技术、曲面造型和实体造型技术（描述几何模型的形状和属性的信息并存于计算机内，由计算机生成具有真实感的三维可视图形技术）等。

对于仿真技术来说，工业仿真就是对实体工业的一种虚拟，将实体工业中的各个模块转化成数据整合到一个虚拟的体系中去，在这个体系中模拟实现工业作业中的每一项工作和流程,并与之实现各种交互。在 20 世纪初,仿真技术便已得到应用,例如在实验室中建立水利模型,进行水利学方面的研究。在 20 世纪四五十年代,航空、航天和原子能技术的发展推动了仿真技术的进步。在 20 世纪 60 年代,计算机技术的突飞猛进为仿真技术提供了先进的工具,加速了仿真技术的发展。仿真软件包括为仿真服务的仿真程序、仿真程序包、仿真语言和以数据库为核心的仿真软件系统。

要实现仿真技术,除了传统工业工程专业课外,还应该学习管理信息系统、计算机建模与仿真、数据库建设等计算机相关科目。例如,可以使用 AnyLogic 实现地铁站客流仿真(图 43),可以使用 Flexsim 实现配送中心规划等实体工业的模拟运营,节约大量人力、物力和财力。

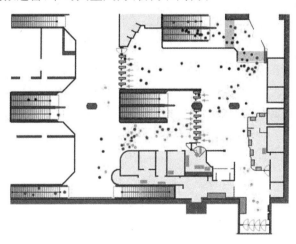

图 43 使用 AnyLogic 实现地铁站客流仿真

迈向未来的工业工程

➡➡自动化硬件

随着社会技术的发展，自动化硬件也进行了相应的改进。从广义上来说，自动化硬件更多属于自动化专业的研究内容，但在学科融合的发展趋势下，工业工程专业的学生也应该学习自动化有关知识，丰富自己的专业能力。下面将从控制器和仿真硬件等方面对工业自动化硬件的作用和发展进行说明。

可编程控制器（Programmable Logic Controller，PC 或PLC）是从早期的继电器逻辑控制系统发展而来的，它不断吸收微计算机技术使之功能不断增强，逐渐适合复杂的控制任务。它是一种能进行数字运算操作的电子硬件，专门为在工业环境下应用而设计。它采用可以编制程序的存储器，用来执行存储逻辑运算和顺序控制、定时、计数和算术运算等操作的指令，并通过数字或模拟的输入（I）和输出（O）接口，控制各种类型的机械设备或生产过程。可编程控制器是在电器控制技术和计算机技术的基础上开发出来的，并逐渐发展成为以微处理器为核心，将自动化技术、计算机技术、通信技术融为一体的新型工业控制装置之一。PLC 已被广泛应用于各种生产机械和生产过程的自动控制中，成为一种最重要、最普及、应用场合最多的工业控制装置之一，被公认为是现代工业自动化的三大支柱（PLC、机器人、CAD/CAM）之一。

从技术上看，计算机技术的新成果会更多地应用于可编程控制器的设计和制造上，会有运算速度更快、存储容量更大、智能更强的品种出现。从产品规模上看，会进一步向超小型及超大型方向发展。从产品的配套性上看,产品的品种会更丰富,规格更齐全,完美的人机界面、完备的通信设备会更好地适应各种工业控制场合的需求。从市场上看,各国各自生产多品种产品的情况会随着国际竞争的加剧而被打破,会出现少数几个品牌垄断国际市场的局面,会出现国际通用的编程语言。从网络的发展情况来看,可编程控制器和其他工业控制计算机组网构成大型的控制系统是可编程控制器技术的发展方向。计算机集散控制系统(Distributed Control System,DCS)中已有大量的可编程控制器应用。伴随着计算机网络的发展,可编程控制器作为自动化控制网络和国际通用网络的重要组成部分,将在工业及工业以外的众多领域发挥越来越大的作用。

仿真硬件中最主要的是计算机,用于仿真的计算机有三种类型:数字计算机、模拟计算机和混合计算机。数字计算机还可分为通用数字计算机和专用数字计算机。模拟计算机主要用于连续系统的仿真,称为模拟仿真。在进行模拟仿真时,依据仿真模型将各运算放大器按要求连接起来,并调整有关的系数。改变运算放大器的连接形式和各系数的调定值,就可修改模型,仿真结果可连续输出。因此,模拟计算机的人机交互性好,适合于实时仿真,改变时间比例尺还可实现超实时的仿真。

20世纪60年代前的数字计算机由于运算速度低和人机交互性差,在仿真应用中会受到限制。现代数字计算机已具有很高的速度,某些专用数字计算机的速度更高,已能满足大部分系统的实时仿真要求。随着软件、接口和终端技术的

迈向未来的工业工程

发展，人机交互性已有很大提高。因此，数字计算机已成为现代仿真的主要工具。混合计算机把模拟计算机和数字计算机联合在一起工作，充分发挥模拟计算机的高速度和数字计算机的高精度、逻辑运算和存储能力强的优点。

伺服驱动器是现代传动技术的高端产品，被广泛应用于工业机器人及数控加工中心等自动化设备中。尤其是应用于控制交流永磁同步电动机的伺服驱动器，已经成为国内外研究热点。伺服电动机可按控制命令的要求，对功率进行放大、变换与调控等处理，将驱动装置输出的力矩、速度和位置控制得非常灵活方便。由于它具有"伺服"性能，因此被命名为伺服电动机，其功能是将输入的电压控制信号转为轴上输出的角位移和角速度驱动控制对象。

主流的伺服驱动器均采用数字信号处理器（Digital Signal Processor，DSP）作为控制核心，可以实现比较复杂的控制算法，实现数字化、网络化和智能化。随着伺服系统的大规模应用，伺服驱动器使用、伺服驱动器调试、伺服驱动器维修都成为伺服驱动器在当今比较重要的技术课题，越来越多工控技术服务商对伺服驱动器技术进行了深层次研究。

➡➡自动化系统

传统的工业自动化系统，即机电一体化系统，主要是对设备和生产过程的控制。它一般由机械本体、动力部分、测试传感部分、执行机构、驱动部分、控制及信号处理单元、接口等硬件元素，在软件程序和电子电路逻辑的有目的的信息流引导下，相互协调、有机融合和集成，形成物质和能量的有序规则运动,从而组成工业自动化系统或产品。在工业自动化领域,传统的控制系统经历了继基地式气动仪表控制系统、电动单元组合式模拟仪表控制系统、集中式数字控制系统和集散式控制系统 DCS 的发展历程。随着控制、计算机、通信、网络等技术的发展,信息交互沟通的领域正迅速覆盖从工厂的现场设备层到控制、管理的各个层次。

自动化制造系统是指在较少的人工直接或间接干预下,将原材料加工成零件或将零件组装成产品的系统。它在加工过程中实现管理过程和工艺过程自动化。管理过程包括产品的优化设计、程序的编制及工艺的生成、设备的组织及协调、材料的计划与分配、环境的监控等。

计算机集成制造系统(Computer Integrated Manufacturing System,CIMS)是一种集市场分析、产品设计、加工制造、经营管理、售后服务于一体,借助于计算机的控制与信息处理功能,使企业运作的信息流、物质流、价值流和人力资源有机融合,实现产品快速更新、生产率大幅提高、质量稳定、资金有效利用、损耗降低、人员合理配置、市场快速反馈和服务良好的全新企业生产系统。现代的集成制造系统必须朝着数字化、精密化、自动化、集成化、网络化、智能化、绿色化和标准化的方向发展,未来研究也可借鉴当前趋势深入探索。

工业是我国社会经济发展的支柱产业,因此,我国对工业生产自动化、智慧化、科技化投入了大量精力,数控技术、自动化技术、人工智能技术等高新技术被广泛应用在工业生产中。发展至今,基本上实现了工业生产设备的升级转型,

工业自动化系统的应用范围越发广泛，并取得了良好成绩。但就目前发展现状而言，仍然存在诸多问题亟待解决，例如工业自动化系统的附加值较低，很多工业自动化设备依赖国际进口，自主设计制造创新能力不足等。再加上传统理念和文化环境的影响，致使很多高技术人才不愿投入工业自动化系统的设计研发。缺乏技术型人才，致使我国工业发展一直难以取得重大突破性成绩。在此种背景下，工业自动化设备的设计制造既能有效解决和处理当前存在的问题，还能带动相关产业持续发展。总而言之，工业自动化系统具有良好的发展前景和空间，需要研究学者和政府不断加大对工业自动化设备设计制造和安装调试研究的投入力度，以提升工业自动化系统的性能和附加值，从而设计出更加适合我国工业发展现状的工业自动化系统，缩小和发达国家之间的差距。

▶▶智能化——确立 IE 学科新地位

毫无疑问，智能化是工业制造自动化的发展方向。智能化是指对海量数据进行分析，并将分析得到的结果用于优化工业过程的行为。工业互联网（Industrial Internet）是和智能化有关的一种网络信息技术。工业互联网是在网络化和智能化基础上形成的完善的工业体系，是智能社会的必然发展趋势。它是一个开放的、全球化的工业网络，将人、数据和机器进行连接，将工业、技术和互联网深度融合。工业互联网是以工业企业为主体，以工业互联网平台为载体，通过网络技术、大数据、云计算、人工智能等新一代数字技术与工业技术的深度融合,规模化供给智能服务与产品,推动工业企业向数字化、网络化、智能化转型,是建设现代化经济体系、实现高质量发展和塑造全球产业竞争力的核心载体,是第四次工业革命的关键支撑。网络是基础,平台是核心,安全是保障,网络、平台、安全被视为工业互联网体系架构中的三大要素。5G技术作为新一代移动通信技术,相比先前的通信技术能够更好地支撑工业互联网的应用和发展。

➡➡生产智能化

产品质量是企业竞争力的核心要素。在生产制造业中,仍有大量流水线依赖人力进行产品配件安装,导致生产过程中出现配错件、漏配件的情况。另外,人工质检效率低下,产品优良率提高的瓶颈迟迟无法突破。传统生产制造模式不仅有产品质量的隐患,而且会造成人力成本的大大浪费,甚至会给消费者带来安全风险,为企业发展埋下隐患。智能化生产是指利用网络信息技术和先进制造工具来提升生产流程的智能化水平,从而完成数据的跨系统流动、采集、分析与优化,实现设备性能感知、过程优化、智能排产等智能化生产方式。智能化生产主要解决生产环节的痛点,实现生产流程智能化,提升生产的灵活性和效率。

智能工厂是实现智能制造的重要载体,主要通过构建智能化生产系统,网络化分布生产设施,实现生产过程的智能化。智能工厂已经具有了自主能力,包括采集、分析、判断、规划,通过整体可视技术进行推理预测,利用仿真及多媒体技术,基于增强现实展示设计与制造过程。系统中各组成部

分可自行组成最佳的系统结构，具备协调、重组及扩充特性，系统具备了自我学习、自行维护的能力。因此，智能工厂实现了人与机器的相互协作，其本质是人机交互。

5G 技术应用于工业互联网是必然趋势。一方面，工业互联网的发展离不开 5G 技术的支持。工业互联网对通信技术的高要求是当前 4G 技术无法满足的，而 5G 技术的特性能够满足工业互联网连接多样性、性能差异化、通信多样化的需求和工业场景下高速率数据采集、远程控制、稳定可靠的数据传输、业务连续性等要求，将助力未来的工业互联网实现数字化、网络化、智能化。只有 5G 技术才能够对其发展予以支持，只有将 5G 技术和工业互联网进行深度联合，才能使工业互联网的发展更上一层楼。另一方面，工业互联网是未来 5G 技术落地的重要应用场景之一，应用于工业互联网才能更好地体现 5G 技术的价值。

➡➡产品智能化

产品智能化是把传感器、处理器、存储器、通信模块、传输系统融入各种产品，使得产品具备动态存储、感知和通信能力，实现产品可追溯、可识别、可定位。计算机、智能手机、智能电视、智能机器人、智能穿戴设备都是物联网的"原住民"，这些产品从生产出来就是网络终端。而传统的空调、冰箱、汽车、机床等都是物联网的"移民"，未来这些产品都需要连接到网络世界。产品智能化即智能技术在终端产品上的融合应用，得到的产品可以与使用者进行更多、更深入的交互。现在的工业工程不仅有着传统学科的方面，还结合了计算机等学科知识,迈入算法和人工智能领域。

要想判断一款产品的智能化程度是否较高,可以从以下三个方面进行评价:

第一,是否以主流人工智能技术为依托。目前人工智能领域的六大研究方向集中在计算机视觉、自然语言处理、机器学习、自动推理、知识表示和机器人学,以这六大方向为基础会有一个初步的判断。

第二,是否有较强的决策能力。判断一款人工智能产品的智能化程度是否比较高,一个简单的原则就是产品的决策力,判断产品的决策力有多个维度,其中,有两个维度比较重要:一是能否进行合理的思考;二是能否采取合理的行动。

第三,是否有更多的交流和感知渠道。智能化产品的决策如果比较重要,就一定会设置多个交流和感知渠道。例如,生产环境下的智能体,要想进行落地应用,必然需要打造一个应用场景,而应用场景的重点就是为智能体获取信息和执行决策提供服务。

一直在讨论的"信息茧房"有一部分是由产品智能化引起的。"信息茧房"指人们关注的信息领域会习惯性地被自己的兴趣所引导,从而将自己的生活桎梏于像蚕茧一般的"茧房"中的现象。由于信息技术提供了更自我的思想空间和任何领域的巨量知识,一些人还可能进一步逃避社会中的种种矛盾,成为与世隔绝的孤立者。在社群内的交流更加高效的同时,社群之间的沟通并不一定会比信息匮乏的时代更加顺畅和有效。在智能化产品中平衡其具有的针对性服务与人们对信息广度的需求是需要解决的问题。

➡➡管理智能化

　　人工智能技术的发展为管理智能化带来了新希望,管理智能化就是要寻找能够让计算机软件代替人从事脑力劳动的方法。如果将脑力劳动分为定量劳动和定性劳动两大类,则能够让计算机软件自动完成这两类工作的方法就是准确计算法和因素穷尽法。准确计算法可以参照神舟飞船圆满返回地球,因素穷尽法可以用象棋机器人打败国际象棋冠军来说明。如果专家、学者把企业可能会遇到的各种情况和可能性条件下处理问题的成功对策,事先固化到计算机软件之中,让计算机软件来进行分析、判断和决策,以解决相关企业管理问题,那么计算机软件的分析、判断和决策能力将会超过任何一个管理专家或经营奇才。用这两类方法来解决管理问题,就可以实现管理工作的智能化。

　　使用管理智能化技术的企业,其分析、判断、决策等脑力劳动的质量均会有客观上的保证;而没有使用管理智能化技术的企业,其管理工作质量将主要依靠企业管理者的个人智慧、经验和能力。使用管理智能化软件的企业,计算出企业存货降低 5% 会带来多少利润只需要 1 秒钟时间;而没有使用智能管理软件的企业用手工计算估计最少也需要 2 小时。使用智能化分析软件的企业,在回答"盈亏平衡点是多少""资产结构是否合理""资金缺口有多大""费用支出是否合理"等企业普遍关心的问题时只需要耗时 3 秒钟;在没有使用智能化分析技术的企业,回答这些问题可能需要 3 至 5 天的时间。最为重要的是,许多管理问题在计算机软件的帮助下可以通过准确计算给予准确回答,但在依靠个人经验和手工计算的情况下有可能难以准确计算、及时回答。

　　企业管理工作复杂多样,个性化程度很高,将企业管理工作智能化交由计算机软件来完成会让人难以置信,因为,管理工作需要和人打交道,需要面对大量的不确定性问题。怎样才能让计算机软件可靠地代替?大数据技术、云计算技术、人工智能技术为我们提供了大量可以使用的决策信息和强大的计算能力,在一定程度上解决了因为信息不对称而导致的不确定性问题和因人的能力有限而产生的决策判断失误问题。但是,要让计算机软件来实现管理工作的自动化,仍然需要在理论上和方法上进行创新。

➡➡服务智能化

　　任何产品最终都是为了面向大众提供服务的,服务业作为产业结构演化的主要方向,承载着未来经济增长和吸纳就业的重要任务。然而,传统制造业和传统服务业都面临着技术水平低、工作效率低以及市场需求快速变化的生存困境。如何实现传统制造业和传统服务业的转型升级已经成为当前学术界和企业界亟须解决的问题。面对这一现实难题,越来越多的企业已经意识到真正赚钱的不是产品,而是服务,企业必须提供"智能服务"——将智能(感知和连接)构建到产品本身。因此,大数据、移动解决方案、云计算、社交计算、认知计算、物联网等,受到了越来越多的企业关注,因为它们代表着企业高效和快速提供新服务的一种有前途的方式。

迈向未来的工业工程

　　服务的发展历程其实也是人类社会发展进步的缩影,它同样历经了农业经济时代、工业经济时代、信息经济时代以及智能经济时代,并且随着时代的变革,所需要的智能化程度也逐级递增。在智能经济时代,大多数人的需要已经转向为服务的个性化,产品种类和定制化的需求是不可阻挡的,这也对企业提供的服务提出了更高的要求。企业在这一过程中不仅需要快速地掌握和了解顾客需求,而且需要在有限时间内提供令顾客满意的服务,因而提供智能化的服务是必不可少的。智能服务的实现依赖于全新的技术基础(物联网、人工智能、区块链、5G技术等)的支持。有学者认为所有智能、互联的产品或系统都包含三个核心要素:物理部件(机械和电子部件)、智能组件(传感器、微处理器、数据存储设备、控制器、软件、嵌入式操作系统和数字用户界面等)以及连接组件(端口、天线、协议和网络、产品和产品云之间的通信设备等)。

　　对于制造业企业或服务业企业而言,实现服务智能化的关键在于,服务技术与顾客需求的精准融合以及企业自身动态能力的强弱。服务技术与顾客需求的精准融合往往意味着企业提供的服务智能化程度越高,服务技术与顾客需求的贴合越离散,企业提供的服务智能化程度越低。另外,服务智能化程度也依赖于企业对使用、扩展或更改其资源基础的能力。

　　服务智能化将聚焦于以下领域:一是顾客行为对智能服务的影响有待进一步探讨;二是大数据时代下的智能化服务系统与顾客隐私的保护问题;三是智能服务的前因、特征、模型探索问题;四是区块链技术背景下的供应链管理以及供应链智能化问题。

参考文献

[1] 弗雷德里克·泰勒. 科学管理原理[M]. 马凤才,译. 北京:机械工业出版社,2021.

[2] 汪应洛. 工业工程手册[M]. 沈阳:东北大学出版社,1999.

[3] 齐二石,霍艳芬,等. 工业工程与管理[M]. 北京:科学出版社,2019.

[4] 蔡启明,张庆,谢乃明,等. 基础工业工程[M]. 北京:科学出版社,2017.

[5] 周德群. 系统工程概论[M]. 北京:科学出版社,2021.

[6] 陈明. 智能制造之路:数字化工厂[M]. 北京:机械工业出版社,2016.

[7] 郑力,莫莉. 智能制造:技术前沿与探索应用[M]. 北京:清华大学出版社,2021.

[8] 托马斯·福斯特. 质量管理整合供应链[M]. 何桢,译. 北京:中国人民大学出版社,2018.

[9] 蒋炜,李四杰,黄文坡,等. 物联网大数据与产品全生

命周期质量管理[M].北京:科学出版社,2021.

[10] 江志斌,林文进,王康周,等.未来制造新模式:理论、模式及实践[M].北京:清华大学出版社,2020.

[11] 易树平.工作研究与人因工程[M].北京:清华大学出版社,2011.

[12] 刘树华,鲁建厦,王家尧.精益生产[M].北京:机械工业出版社,2010.

[13] 王金凤,张炎亮.管理学[M].北京:机械工业出版社,2012.

[14] 蒋祖华,奚立峰,等.工业工程典型案例分析[M].北京:清华大学出版社,2005.

[15] 工业互联网产业联盟大数据系统软件国家工程实验室.工业大数据分析指南[M].北京:电子工业出版社,2019.

[16] 彭俊松.工业 4.0 驱动下的制造业数字化转型[M].北京:机械工业出版社,2016.

[17] 詹姆斯·沃麦克.改变世界的机器:精益生产之道[M].余锋,张冬,陶建刚,译.北京:机械工业出版社,2021.

[18] 陆剑峰,张浩,赵荣泳.数字孪生技术与工程实践[M].北京:机械工业出版社,2022.

"走进大学"丛书书目

什么是地质? 　殷长春　吉林大学地球探测科学与技术学院教授(作序)
　　　　　　　曾　勇　中国矿业大学资源与地球科学学院教授
　　　　　　　　　　　首届国家级普通高校教学名师
　　　　　　　刘志新　中国矿业大学资源与地球科学学院副院长、教授
什么是物理学? 孙　平　山东师范大学物理与电子科学学院教授
　　　　　　　李　健　山东师范大学物理与电子科学学院教授
什么是化学? 　陶胜洋　大连理工大学化工学院副院长、教授
　　　　　　　王玉超　大连理工大学化工学院副教授
　　　　　　　张利静　大连理工大学化工学院副教授
什么是数学? 　梁　进　同济大学数学科学学院教授
什么是大气科学? 黄建平　中国科学院院士
　　　　　　　　　国家杰出青年基金获得者
　　　　　　　刘玉芝　兰州大学大气科学学院教授
　　　　　　　张国龙　兰州大学西部生态安全协同创新中心工程师
什么是生物科学? 赵　帅　广西大学亚热带农业生物资源保护与利用国家重点
　　　　　　　　　　　实验室副研究员
　　　　　　　赵心清　上海交通大学微生物代谢国家重点实验室教授
　　　　　　　冯家勋　广西大学亚热带农业生物资源保护与利用国家重点
　　　　　　　　　　　实验室二级教授
什么是地理学? 段玉山　华东师范大学地理科学学院教授
　　　　　　　张佳琦　华东师范大学地理科学学院讲师
什么是机械? 　邓宗全　中国工程院院士
　　　　　　　　　　　哈尔滨工业大学机电工程学院教授(作序)
　　　　　　　王德伦　大连理工大学机械工程学院教授
　　　　　　　　　　　全国机械原理教学研究会理事长
什么是材料? 　赵　杰　大连理工大学材料科学与工程学院教授

什么是自动化? 王　伟　大连理工大学控制科学与工程学院教授
国家杰出青年科学基金获得者(主审)

王宏伟　大连理工大学控制科学与工程学院教授

王　东　大连理工大学控制科学与工程学院教授

夏　浩　大连理工大学控制科学与工程学院院长、教授

什么是计算机? 嵩　天　北京理工大学网络空间安全学院副院长、教授

什么是土木工程?

李宏男　大连理工大学土木工程学院教授
国家杰出青年科学基金获得者

什么是水利? 张　弛　大连理工大学建设工程学部部长、教授
国家杰出青年科学基金获得者

什么是化学工程?

贺高红　大连理工大学化工学院教授
国家杰出青年科学基金获得者

李祥村　大连理工大学化工学院副教授

什么是矿业? 万志军　中国矿业大学矿业工程学院副院长、教授
入选教育部"新世纪优秀人才支持计划"

什么是纺织? 伏广伟　中国纺织工程学会理事长(作序)

郑来久　大连工业大学纺织与材料工程学院二级教授

什么是轻工? 石　碧　中国工程院院士
四川大学轻纺与食品学院教授(作序)

平清伟　大连工业大学轻工与化学工程学院教授

什么是海洋工程?

柳淑学　大连理工大学水利工程学院研究员
入选教育部"新世纪优秀人才支持计划"

李金宣　大连理工大学水利工程学院副教授

什么是航空航天?

万志强　北京航空航天大学航空科学与工程学院副院长、教授

杨　超　北京航空航天大学航空科学与工程学院教授
入选教育部"新世纪优秀人才支持计划"

什么是生物医学工程?

万遂人　东南大学生物科学与医学工程学院教授
中国生物医学工程学会副理事长(作序)

邱天爽　大连理工大学生物医学工程学院教授

刘　蓉　大连理工大学生物医学工程学院副教授

齐莉萍　大连理工大学生物医学工程学院副教授

什么是食品科学与工程？

朱蓓薇　中国工程院院士
　　　　大连工业大学食品学院教授

什么是建筑？　齐　康　中国科学院院士
　　　　　　　　　　东南大学建筑研究所所长、教授（作序）

　　　　　　唐　建　大连理工大学建筑与艺术学院院长、教授

什么是生物工程？贾凌云　大连理工大学生物工程学院院长、教授
　　　　　　　　　　入选教育部"新世纪优秀人才支持计划"

　　　　　　袁文杰　大连理工大学生物工程学院副院长、副教授

什么是哲学？　林德宏　南京大学哲学系教授
　　　　　　　　　　南京大学人文社会科学荣誉资深教授

　　　　　　刘　鹏　南京大学哲学系副主任、副教授

什么是经济学？原毅军　大连理工大学经济管理学院教授

什么是社会学？张建明　中国人民大学党委原常务副书记、教授（作序）

　　　　　　陈劲松　中国人民大学社会与人口学院教授

　　　　　　仲婧然　中国人民大学社会与人口学院博士研究生

　　　　　　陈含章　中国人民大学社会与人口学院硕士研究生

什么是民族学？南文渊　大连民族大学东北少数民族研究院教授

什么是公安学？靳高风　中国人民公安大学犯罪学学院院长、教授

　　　　　　李姝音　中国人民公安大学犯罪学学院副教授

什么是法学？　陈柏峰　中南财经政法大学法学院院长、教授
　　　　　　　　　　第九届"全国杰出青年法学家"

什么是教育学？孙阳春　大连理工大学高等教育研究院教授

　　　　　　林　杰　大连理工大学高等教育研究院副教授

什么是体育学？于素梅　中国教育科学研究院体卫艺教育研究所副所长、研究员

　　　　　　王昌友　怀化学院体育与健康学院副教授

什么是心理学？李　焰　清华大学学生心理发展指导中心主任、教授（主审）

　　　　　　于　晶　曾任辽宁师范大学教育学院教授

什么是中国语言文学？

赵小琪　广东培正学院人文学院特聘教授
　　　　武汉大学文学院教授

　　　　　　谭元亨　华南理工大学新闻与传播学院二级教授

什么是历史学？张耕华　华东师范大学历史学系教授

什么是林学？　张凌云　北京林业大学林学院教授

　　　　　　张新娜　北京林业大学林学院副教授

什么是动物医学?	陈启军	沈阳农业大学校长、教授
		国家杰出青年科学基金获得者
		"新世纪百千万人才工程"国家级人选
	高维凡	曾任沈阳农业大学动物科学与医学学院副教授
	吴长德	沈阳农业大学动物科学与医学学院教授
	姜　宁	沈阳农业大学动物科学与医学学院教授
什么是农学?	陈温福	中国工程院院士
		沈阳农业大学农学院教授(主审)
	于海秋	沈阳农业大学农学院院长、教授
	周宇飞	沈阳农业大学农学院副教授
	徐正进	沈阳农业大学农学院教授
什么是医学?	任守双	哈尔滨医科大学马克思主义学院教授
什么是中医学?	贾春华	北京中医药大学中医学院教授
	李　湛	北京中医药大学岐黄国医班(九年制)博士研究生
什么是公共卫生与预防医学?		
	刘剑君	中国疾病预防控制中心副主任、研究生院执行院长
	刘　珏	北京大学公共卫生学院研究员
	么鸿雁	中国疾病预防控制中心研究员
	张　晖	全国科学技术名词审定委员会事务中心副主任
什么是药学?	尤启冬	中国药科大学药学院教授
	郭小可	中国药科大学药学院副教授
什么是护理学?	姜安丽	海军军医大学护理学院教授
	周兰姝	海军军医大学护理学院教授
	刘　霖	海军军医大学护理学院副教授
什么是管理学?	齐丽云	大连理工大学经济管理学院副教授
	汪克夷	大连理工大学经济管理学院教授
什么是图书情报与档案管理?		
	李　刚	南京大学信息管理学院教授
什么是电子商务?	李　琪	西安交通大学经济与金融学院二级教授
	彭丽芳	厦门大学管理学院教授
什么是工业工程?	郑　力	清华大学副校长、教授(作序)
	周德群	南京航空航天大学经济与管理学院院长、二级教授
	欧阳林寒	南京航空航天大学经济与管理学院研究员
什么是艺术学?	梁　玖	北京师范大学艺术与传媒学院教授
什么是戏剧与影视学?		
	梁振华	北京师范大学文学院教授、影视编剧、制片人
什么是设计学?	李砚祖	清华大学美术学院教授
	朱怡芳	中国艺术研究院副研究员